JN175915

ルーデンドルフ

Der totale Krieg

総力戦

エーリヒ・ルーデンドルフ
Erich Ludendorff
伊藤智央［訳・解説］

原書房

ルーデンドルフ

総力戦

目次

第Ⅱ部 解説 伊藤智央

Erich Ludendorff „Der totale Krieg“ 1935, München

序文——ルーデンドルフ『総力戦』の翻訳について

中島浩貴（東京電機大学理工学部助教）

二〇一四年に第一次世界大戦一〇〇周年を迎えるはるか以前より、総力戦に関する問題関心は歴史学をはじめとした、人文社会科学のなかで常に高くあり続けてきた。一般的に、総力戦への関心は社会全体の変化に向けられていた一方で、一九九〇年代以降活発化している歴史学の中の軍事史においても、総力戦の再評価が進んできたように思われる。それに対し、総力戦へと向かっていく言説研究については、全体として雑駁（ざっぱく）にはとらえられるものの、その形成のプロセスや連続性に関する研究は緒についたばかりであり、近年活性化しつつあるといえる。

本書を翻訳する意味については、近年の第一次世界大戦および総力戦研究の活性化がまず挙げられよう。ルーデンドルフ『総力戦』は総力戦を考察する上での最重要文献であるにもかかわらず、なんらの解説も、意味付けもなされないまま、それどころか明らかに戦前の価値観にシンパシーを感じていた人物による戦前訳が参照されざるを得ない状況があった。総力戦という問題を、歴史の中で全体的に検討していくには、第二次世界大戦期の、現実に総力戦を意図した国策が探求されていた頃の、いわば政策目的のために翻訳された翻訳とは異なった、最新の研究状況をふまえた解説を付随させた翻訳が必要であった。

こうした作業について、伊藤氏は現在の研究動向に配慮した翻訳を行っている。さらに、解説文において、主観的な叙述が目立つ本文に関して、十分な先行研究に基づいた厳密かつ詳細な考察を行っている。とりわけ、現代の戦争を考察する上でのイデオロギー的な偏りを強くもった、ルーデンドルフの戦争観については、歴史学に基づいた検討と脱イデオロギー化が重要となっている。総力戦に伴う言説の偏りを考察していく上で、ルーデンドルフの著書を批判的に検討していくことは意味があろう。それは、ヒトラーの『我が闘争』を現在の我々が批判的に読むことによって、得ることがあるのと同じである。

『総力戦』での世界観についても、解説文では明確に論じている。それは、ルーデンドルフだけにとどまらないラディカリズムを内包している。たとえば、日本との接点についても検討が加えられているが、こうした言及はほかに類書がなく、ドイツ史や軍事史の範疇（はんちゅう）を超えた視点をもたらしてくれるものである。

以上のように、翻訳にとどまらず、解説文は極めて有意義なものであるということができる。

ご一読をおすすめしたい。

第Ⅰ部 総力戦

エーリヒ・ルーデンドルフ

凡例

一．本書は、Erich Ludendorff „Der totale Krieg" 1935 München の全訳である。なお、翻訳には 61-80. Tausend, 1936 München 版を使用した

一．訳者注は（ ）の割注として文中に挿入した。但し、脚注内においては〈 〉で挿入した

一．訳者補足は［ ］で文中に挿入した

一．原文強調は太字で表記した

一．本書では原書の表記に従って章番号が付けられていないが、本文中では各章が章番号で呼ばれていることがある。そのため、該当箇所においては章名を訳者注として適宜挿入した

一．原則として、地名・人名は原文の表記に従った

一．原則として、原文中の Volk は「国民」、Völkisch は「民族的」、Heimat は「銃後」または「郷土」の訳語で統一した

総力戦の本質

私は戦争の理論を書こうとは思っていない。これは思いもよらないことである。これまで頻繁に発言してきたように、私はあらゆる理論を敵視している。戦争とは現実であり、つまるところ、ある国民の生活の中での極めて重大な現実である。その際に「ふくろうをアテネに」連れてくる（„Eulen nach Athen" zu tragen）（無駄なことをするという諺）ことなく、すなわち一般に既知のものにそもそも言及したり、もしくは広く言及しすぎたりせずにこれを示したい。だが、私は国民、そしてその全員に話しかけているために、彼らにとって相当に疎遠なさまざまなものも比較的詳しく扱う。国民は自己の生命を賭した闘争の本質を知るべきである。これを知るためには戦争の分厚い教科書ではなく、簡潔にまとめられた、国民にとってわかりやすい説明が必要となる。私がそのような説明の中で述べるものは、外国でそのように認識されるような公式見解のようなものではなく、極めて真剣な個人的戦争体験である。

戦争の教師であるフォン・クラウゼヴィッツ（von Clausewitz）は、フリードリヒ大王（Friedrich

der Große）の諸戦争とナポレオン期の体験をもとにして約一〇〇年前に執筆された著作『戦争論（Vom Kriege）』の中で、戦争は暴力行為であり、それを通して国家は自分の意志を相手国に押し付けると正論を述べている。この目的の達成をめぐる考察の中でクラウゼヴィッツは、会戦や戦闘での敵兵力の殲滅（せんめつ）のみを念頭においている。これは戦争遂行の不可侵の原則となり、それを考慮することは総力戦指導の第一の任務である。それゆえ、クラウゼヴィッツが戦場での殲滅思想について述べていることは、深い意義を常にもち続けるであろう。将軍フォン・シュリーフェン（von Schlieffen）伯爵は、一九〇五年版のクラウゼヴィッツの著作への前書きの中でこれに関して的確な表現を与えている（前書きⅤからⅥ頁の中でシュリーフェンは、『戦争論』という著作がもつ継続的な価値は、その論理的で心理的な内容の他に殲滅思想の重ねての強調にある」という文に続けて、クラウゼヴィッツを引用しながら彼の殲滅思想を簡単に紹介している）。私はこれをただ強調することしかできない。それ以外の点では、この著作は過去の世界史の発展に属するもので、今日では多くの部分で時代遅れであり、それどころか、それを研究することは混乱さえもたらす。

今日では、クラウゼヴィッツのように「戦争の多様性」について書くことのできる時代は終わった。彼はこの「多様性」について以下のように説明している。

「戦争の動機が大きくなればなるほど、その動機が国民の全存在にかかわる度合が高くなればなるほど、さらにまた戦争に先立つ緊張が殺気をおびてくればくるほど、戦争はそれだけその抽象的形態に近づいてくる。その結果敵を屈服させることがますますその問題となり、戦争の目標と政治的目的とはそれだけ接近し、戦争は一段と戦争らしくなって、政治的色彩を弱めてゆく。これに反して戦争の動機と緊張が弱まれば弱まるほど、戦争の自然的傾向である暴力的要素はそれだけ政治が与える枠内に留められることになり、戦争は必然的にその自然的傾向からそれてゆき、政治的目的と理念的戦争の目標とは離反してゆき、そして戦争はますます政治的になってゆくものである」（『戦争論』第一部第一章第二五節より。以下、クラウゼヴィッツ『戦争論』の日本語訳については清水多吉訳『戦争論　上下』中公文庫、二〇〇一年を参照しているが必要に応じて一部修正を施した）

クラウゼヴィッツは、自身の考察の中の次の箇所で、戦争の斬新性の原因に詳しく触れている。

「事実、戦争そのものもその本質や形式の面でも著しい変化を蒙り、絶対的形態に近づいていたとはいえ、この変化はフランス政府が政治の絆を断ち切って、戦争をいわば解放したために生じたのではなく、フランス革命がフランスおよび全ヨーロッパに惹き起こした政治の変化から生じたものなのである。この政治は新たな手段、新たな兵力を生み出し、それによって、以前には考えも及ばなかった猛烈果敢な兵術が可能となったのである」（『戦争論』第八部第六章Bより）

クラウゼヴィッツの時代には官房戦争（Kabinettskriege）、すなわち政府が陸軍を用いて行い、国民が税を支払わなければならなかったり、行軍、冬季野営や戦闘を通して直接被害に遭ったりする限りでのみ、一般的に関わりをもった戦争の時代はすでに終わっていた。フランス革命は国民の「それまでとは」全く違った力を動員したが、クラウゼヴィッツの言葉を借りると、戦争は「抽象的な」または「絶対的な」形態を基本的にはまだとっていなかった。一八六六年、一八七〇／七一年の戦争は、フランスではガンベッタ（Gambetta）の下で、我々がまだ見慣れていなかったような戦争指導のエネルギーと国民の犠牲を示す形をとったが、「そこでは」いまだ戦争の本質を明らかにするものではなかった。一八七〇／七一年の時点でドイツの戦争指導部がこの新たな現象に対して奇妙にも無力でいたことは、はっきりと述べておく必要がある。ドイツでは戦争は結局、陸軍「に限定された」事柄のままであった。陸軍は、戦争の性質に関するクラウゼヴィッツの教えからまだ自由になっていなかったのである。世界大戦（以下、第一次世界大戦を指す）は、過去一五〇年間のあらゆる戦争と全く異なる性格を見せたのであった。戦争を遂行したのは、相互に殲滅を目指した参戦国の軍だけではなかった。「今や」国民自体が戦争遂行に動員され、戦争は彼ら自身にもその刃（やいば）を向けることになり、彼ら自身を極めて重大な形で巻き込むことになったのである。

この戦争について私は、『大戦回想録（„Meine Kriegserinnerungen“）』（Berlin 1919. 邦訳版としては、抄訳である法貴三郎訳『世界大戦を語る：ルーデンドルフ回想録』朝日新聞社、一九四一年が出版されている）の中で以下のように述べている。

「戦力や戦争手段は以前よりも強力になったかもしれないが、陸軍と海軍は旧態依然の形で戦っていた。しかし過去の戦争とは異なって、国民は覚悟をもって全力で軍を支え、そして軍に浸潤していった。

　この戦争では、陸軍と海軍の戦力がどこで始まり、国民のそれがどこで終わっていたのかを区別することはもはやできなかった。軍と国民は一体であった。世界は文字通りの国民戦争を目の当たりにしたのである。この凝縮した力をもって地上の強国が対峙したのである。敵軍との広大な戦線と海上で行われる戦いの上に、敵国民を堕落させ麻痺させるという目的をもった、精神と生命力に対する格闘が加わった」（『大戦回想録』章名„Mein Denken und Handeln I"より）

　総力戦は、軍の事柄としてだけではなく、参戦国の国民構成員それぞれの生存と精神にさえ直接触れるものとして生まれた。それは、変化した政治――ユダヤ民族とローマ教会の権力志向がますますはっきりと対峙し、国民を弱体化し敵対勢力を消耗させるという彼らの欲望が鋭く表れたものであったが――によるだけではなく、住民人口の増大とあいまった一般兵役義務と、さらに破壊力を増してきた戦争手段の導入によって誕生した。戦争が多様であった時代は過去のものとなった。あらゆる種類の爆弾やビラ、その他のプロパガンダを住民に投下する航空機の［性能］向上や［量的］増大と、プロパガンダを敵に向かって広める無線設備の［質的］向上や［量的］増大などによって、総力戦はそれ以来さらに深化した。世界大戦では敵対している陸軍は、幅が何キロメートルにもわたり、戦争それ自体と同じように当該国の住民を極めて重大な形で巻き込む厚さを有した戦闘地域の前線ですでに戦っていたが、今日では戦争の舞台は、参戦国の国民の全領域にまで文字通り広がっている。個別には差があったとしても、陸軍だけでなく国民もまた直接的な戦争行為の影響を受け、食料封鎖やプロパガンダのような間接的な戦争行為によって被害を受ける。これは、戦争の中で攻め立てられ、困窮が生じることによって要塞の明け渡しを強いられる、包囲下にある要塞の住民に関する戦争史の中で昔から知られていることに類似している。要するに、総力戦は軍に対してだけではなく、直接国民にも向けられている。このことは厳しくとも明白な現実であり、考えうる限りのすべての戦争手段はこの現実のために用いられ、そして用いられる必要がある。総力戦ではますますもって、「目には目を、歯には歯を（„Wie du mir, so ich dir"）」が当てはまる。これが全参戦国の国民の間で総力戦の巨大な緊張を生み出すのである。[1] 総力戦の本質を鑑みたとき、実際に国民全体が生存の維持に関して脅かされ、戦争を引き受けるという覚悟ができているときにのみ、総力戦は遂行可能となる。官房戦争や制限的な政治目的をもった戦争の時代は終わった。それらは、国民の生存維持のための総力戦のように深く道徳的な正当性をもった戦いというよりも、ときに略奪行であった。ある国民もしくは種族が自らの生存のためにのみ戦わなければならず、敵がこれを容易に粉砕できる「植民地戦争」は、その国民もしくは種族にとって総力戦の性格を帯び、彼らは道徳的な理由からこの総力戦を戦う。その他の点では、これは崇高で重大な呼称である戦争という名に値しない極めて非道徳的な行為で

1　あらゆる軍縮会議は国民の自己保存義務という神聖な法則に反し、なんら成果をもたらしてはならない。ユダヤ人とローマ教会による帝国主義を排除し、国民が民族的な意味で覚醒することが平和に貢献するのである。

ある。植民地戦争は、国民の生存維持のためではなく利益追求から生じるものである。[2]
重大な帰結が総力戦の性格から容赦なく必然的に生じる。
クラウゼヴィッツの時代以来、すなわちおよそ一〇〇年以上前から戦争の本質が変わったように、政治と戦争指導の関係も変化し、それによってとりわけ政治自身は変化しなければならなかった。『戦争論』から引用した説明の中で私は、当時クラウゼヴィッツが政治と戦争指導の関係をどのように考えていたのかをすでに示した。その際に彼は、国家間の関係を取り決め、宣戦布告を行い、和平を結ぶ外交政策のみを視野にいれていた。もう一つ別の「政治」をクラウゼヴィッツは全く想定していなかった。彼はこの外交政策に、戦争に関する政治よりもはるかに高い重要性を与え、たとえ戦争指導部、すなわち将帥にいくらかのものが認められていたとしても、戦争と戦争指導は外交政策に著しく従属するものとされた。
クラウゼヴィッツの思考の筋道をよりよく理解するために、ここで彼の著作である『戦争論』から次の箇所を引用しよう。

「かくてわれわれは次のごとき原則を了解するにいたった。すなわち戦争は単に一つの政治的行動であるのみならず、実にまた一つの政治的手段でもあり、政治的交渉の継続であり、

2　アメリカ合衆国が世界大戦中にヨーロッパの地でドイツ国民に対して行った戦争は、彼の国にとって植民地戦争の性格を帯びていた。彼の国にとっては、世界資本主義者の資金を救出することが重要であった。

他の手段による政治的交渉の継続にほかならない、ということを。戦争がもし特異なものであるというのなら、それは戦争のもつ手段としての特異性のことにすぎないだろう。政治の方向や意図をこれらの手段と矛盾させないようにすること、それは一般に兵学が要求し得る事柄であり、また個々の場合にわたっては将帥が要求しなければならぬ事柄でもある。そしてこの要求は実際軽んじてよいものではない。ところで個々の場合にわたって戦争が政治的意図にたとえどれほど強く反作用を及ぼしたにしても、その反作用は常に政治的意図に対して修正を加える以上のことができるはずのものではない。というのも政治的意図は目的であり、戦争はあくまでも手段だからである。目的のない手段などとはおよそ考えられないことを見ても以上のことは明らかであろう」（『戦争論』第一部第一章第二四節より）

別の箇所でクラウゼヴィッツはこう述べている。

「それゆえ、ここで、戦争は政治の手段であるということを繰り返して言っておきたい。戦争は必然的に政治の性格を担わねばならず、その規模は政治の尺度で測られねばならない。したがって、戦争の遂行はその大筋において政治そのものである。政治はその際ペンの代りに剣を用いるが、それだからといって、政治はそれ独自の法則に従って考えることを止めはしないのである」（『戦争論』第八部第六章Bより）

クラウゼヴィッツにおいてすら、そのように外交政策を優先することに対して懸念が生じたのかもしれない。本質を見抜いてはいないのであるが、彼はある箇所で、外交政策だけではなく国家の政治全体が問題であると書いている。

「実際このような事例（政治がある軍事的手段および措置に対して、その性質に合致しない誤った効果を期待する場合）（引用部分における丸括弧はルーデンドルフによる補足。以下、同様）は枚挙にいとまがなく、これを見ても政治的交渉の指導には軍事についてのある程度の洞察が是非とも必要なことがわかる」（『戦争論』第八部第六章Bより）

戦争指導において生じる必要性に沿った形で外交を進めていくためには、「政治的交渉の指導（Führung des politischen Verkehrs）」に向けて、戦争という存在への洞察だけではなく、とりわけ戦争が獲得した本質への洞察、そして国民全体の指導、すなわち政治が国民の生存維持のためにあらゆる領域で成し遂げなければならない課題がどのようにここから生じるのかに関する洞察をもち合わせていなければならない。このために必要なものは、政治家がもつ「ある種の洞察力」だけではなく、さらに何代にもわたる、丁寧に手入れがされ、そして維持されるべき国民全体の共有財産でなければならない。

政府、官僚、国民さらに多くの将校は、クラウゼヴィッツの教えにとらわれたまま、全く避けられないこうした事実を世界大戦以前およびその最中に身近に感じているとはいえなかった。政府と官僚集団は、全く新しい課題が自分たちに、すなわち政治に突きつけられていたことを理解しておらず、国民は、戦争によって自分たちにどのような要求が生じるのか、そして実際にどのような要求が生じていたのかを理解していなかった。政治は、少なくともようやく世界大戦で国民の生命力を存分に展開し、国民の生存構築（日常生活を含む生のあり方を規定すること）に寄与しなければならなかった。国民は、陸軍のために一丸となってすべてを、そして自らをささげるということを理解する必要があった。私は戦争回顧録の中で、そのような国民の生存構築と政治のための基礎を提示している。クラウゼヴィッツは、国民の精神力について著作『戦争論』の中で全く触れていない。しかし、私がリュティヒ（Lüttich）（現ベルギー領リエージュ［Liège］）での戦いの最初の日々ですぐさま体験しなければならなかったように、戦争がそれを強く要求しているのであるということを強調しつつ、私は次のように書いている。

「この世界・国民戦争は我々ドイツ人の上に全重量をもって重石となり、そして我々からとてつもないものを要求した。戦争に勝ちたければ、個々人全員がすべてをなげうつ必要があった。我々はまさに文字通り血と汗の最後の一滴まで戦い、働き、そして闘争心にあふれ、さらに勝利を希求しなければならなかった。それは、敵が我々に与えた生活の困窮や、外見上は気付かないほどだが極めて強大な力を備えた敵プロパガンダの押し寄せる波にもかかわらず、困難だが不可避の要求であった。

陸海軍は、オークの木（力強さの象徴であり、ドイツの象徴でもある）がドイツの地に根を張っているように祖国に根を張っている。それは銃後から栄養をもらい、力を得ている。それは自身が必要とするものを受け取ることができるが、それを生み出すことはできず、銃後が精神的、物質的または肉体的な力において提供するものによってのみ戦うことができる。これによって陸海軍は日々の戦いや戦争の災いの中で勝利し、忠誠心をもって献身し、滅私の自己犠牲心を抱くことができる。この力によってのみドイツは、最終的な成功の保証を得ることができた。同盟国の支援をうけ陸上戦の法規に従う限りで占領地を利用したが、この力によって祖国は世界を相手にした巨人同士のこの戦いを行った。

従って、陸海軍は銃後から常に精神的活力、人員、軍用品を新たに受け取り、それによって常に繰り返し若返る必要があった。

銃後での精神状態と戦争への意志は強固にしておく必要があった。こうしたものが不都合を被るとすれば、それは大変なことであった。戦争が長引けば長引くほど、これに関する危険は高まり、そして乗り越えなければならないことが多くなり、同時に精神的、道徳的な強化への、陸海軍による要求も避けられないものになった。

祖国がもつ人的で物質的な力（私は今日、精神的な力をはっきりとさらに付け加える）は戦争遂行のために徹底して解き放ち、確保しなければならなかった。

それは銃後にとって巨大な課題であり、銃後は我々が誇りとする国防力が拠って立ち、亀裂が生じてはならない基礎であっただけではなく、陸海軍の神経を鍛えて彼らの力を何度も再生させることができるよう、透き通り、純粋だが力が漲った状態で維持されなければならなかった力の源であった。ただそれによってのみ国民が陸海軍へ常に力を供与できるような内的な力を国民は必要としていた。国民と軍の力は相互に密に絡まり合い、両者を分離することは全く不可能であった。敵に対する軍の戦争遂行能力は、銃後での国民の戦争遂行能力に密接に依存していた。以前にはほとんどなかったことだが、銃後では戦争のための労働と生活が生まれるようになった。そして、この生活と労働を政府、すなわちその責任者である帝国宰相が導き、力に満ちた状態で維持しなければならなかった。（中略）ドイツ国民の統一された力を戦場における勝利のために皇帝に提供する以上のことを要求した政権はいまだなかった。（中略）そのようにして政府の仕事と行動は、戦争において決定的な意味を得るようになった。（中略）戦争遂行の力は銃後にあり、力は敵前線で発揮されたことに相違はなかった」（『大戦回想録』章名 „Mein Denken und Handeln II“ より）

すでに世界大戦において、政治、すなわち政府と国民は、そのような巨大な課題を当時の戦争の重大さの下で成し遂げなければならなかった。当時のように食料封鎖と敵方プロパガンダによってだけではなく、さらに戦争行為によっても国民が被害を受けるとすれば、この課題を成し遂げることは一層困難なものとなるであろう。来るべき戦争は、戦争遂行を目的とした精神的、肉体的、物質的な力の供与の点で、すでに世界大戦時に行われたものとは全く異なった要求を国民に行うであろう。軍の国民への依存度、特にその精神的団結性への依存度が将来的に下がることがないのは確かであり、一九一四／一八年の世界大戦ですでに見られたよりも、可能であるならば著しく上昇するであろう。あまりにも当然の帰結としてドイツ国民の精神的団結性を粉砕しようと敵国が当時努めたように、これは将来一般的に、敵軍事力の殲滅と並んで敵国の戦争指導の目標となるであろう。私は自身の戦争回顧録の中で世界大戦後すぐに次のように記していた。

「ドイツは、毎日己れの体で感じていた、（敵の銃後に対する戦いという）この強力な戦争手段を使うべきでなかったであろうか。敵が我々に対して残念ながら成功裏に行ったのと同様に、敵国民の精神状態に揺さぶりをかけることは行うべきでなかったであろうか。この戦いは銃後から始まり中立国を経て、その後、［味方］前線から［敵］前線に向かって初めて遂行できた。しかしながら、ドイツはプロパガンダのための強力な補助兵器を欠いていた。それは敵国の住民に対する食料封鎖であった」（『大戦回想録』章名„Mein Denken und Handeln II"より）

総力戦という存在は、国民の総力を文字通り要求するが、それを破壊することを同時に目標とする。

戦争という存在が変化し、それも不可変で不可逆的、法則的とまで言いたいような事実の影響の下で変化したように、政治の課題領域も、そして政治自身も変わらなければならなかった。政治は総力戦と同様、総力的な性格を帯びなければならない。政治はまぎれもなく、総力戦で国民が最大限の力を発揮するという観点から、それに合わせて形どられた、国民の生存維持についての教えでなければならず、国民が生存のあらゆる領域、とりわけ精神的な領域で自らの生存維持のために何を必要として何を要求しているのかについて細かな注意を向けなければならない。戦争は国民をその生存維持のために極度に酷使することであるため、総力政治（Totale Politik）も戦争におけるこの国民の生存闘争に向けた準備への心構えをすでに平時からしておかなければならず、戦争の重大さの中でぶれたり、もろくなったり、敵国の措置で完全に破壊されたりすることがないような強さでもって、この生存闘争の基礎を固めておかなければならない。

戦争の本質および政治の本質が変化したように、政治と戦争遂行の関係も変化しなければならない。クラウゼヴィッツの理論はすべて放棄しなければならない。戦争と政治は国民の生存維持に資するものであるが、戦争は民族の生存意志の最上の発露である。それゆえ、政治は戦争遂行に資するものでなければならない。

国民が人種意識を再び取り戻せば取り戻すほど、その中で国民の精神が活発になればなるほど、そして民族の生存条件があらゆる面で明確に認識され、超国家権力、すなわちユダヤ民族とローマ教会が諸国民横断的な世界権力の追求と政治手段をもって国民を破壊する策動を行っていることへのまなざしが研ぎ澄まされればされるほど、国民の生存維持に努め、総力戦の要求を自覚しているような政治は自ずとますます生まれてくるであろう。それはまさしく現在の民族主義的政治（国民社会主義ドイツ労働者党による政治を指す）であろうし、それは戦争遂行のために進んで貢献するであろう。なぜならば、両者はともに同一の目的をもっているからである。すなわち、国民を維持するということである。

国民の精神的団結性——総力戦の基礎

軍は国民の中に根付いており、その構成要素である。総力戦における軍の強さは、国民の肉体的、経済的、精神的な強さと同様になるであろう。団結性は、一朝一夕に終わることのない、長期間、それも極めて長期間継続する可能性のある戦争において国民を維持することを目的とする生存闘争の中で必要とされるが、精神的な力はその団結性を軍と国民に授けるのである。精神的団結性は、国民の生存維持のためのこの戦争の結末にとって決定的な影響を最終的に与えるものであり、どの国家も軍備、軍の訓練や装備に不足がないように取り計らうであろう。国民は精神的に団結することによってのみ、奮闘する軍に新鮮な精神力を常に供給し、軍のために行動し、戦争の災難や敵の戦争行為の下においてさえ勝利や抵抗への意志を持ち続けることができる。軍は確かに、平時には国民の精神的団結性という観点で、ある種の特殊な地位（国民の精神状態からの影響が少ないという意味での特殊性）をもちうる。しかし何百万もの国民同胞男性の予備役集団から軍が補強されることになる動員によって、すでにこの特殊な地位は後退し、国民の精神状態は徐々に、それも戦争が長引けば長引くほど軍の精神状態にもなり、前線での勝利が軍と国民に精神的な力を直接供給しない場合、軍の精神状態を完全に支配するまでにいたる。

一八七〇／七一年の戦争では八月六日でのシュピッヘルン（Spicherrn）（現フランス領スピシュラン［Spicheren］）およびヴェルト（Wörth）（現フランス領ヴルト［Woerth］）から一八七〇年九月一日、二日のセダン（Sedan）にいたるドイツ側の勝利の後、すなわち数週間後にはすでにフランスでは政府と陸軍の間の結束は失われ、当時それ以外のものは一先ずはまだ存在せず、ナポレオン三世は退位した。ユダヤ人ガンベッタ（ガンベッタがユダヤ人の出自をもつということは当時政敵によって行われていた主張にすぎない）はフランス国民の力を引き出し、国民と陸軍の精神的な一体感を作り出すことに成功した。しかしそれは、共産主義革命が、その目的を貫徹するにはいたらないまでも、この一体感を脅かす恐れが生じてくるまで続いたのである。

社会民主主義［勢力］が初めの数日において、戦争、すなわち動員の妨害を図ったが、世界大戦中、ドイツ側では皇帝、国民、陸軍は当初一体であった。［しかし、］社会主義革命が国民の間でゆっくりと広がっていった。それは国民から補充要員や休暇兵を通して強さを増しつつ陸軍の中に徐々に浸透していった。私が一九一八年十月二六日に解任され、皇帝が自身の軍から見捨てられ、あろうことか陸軍指導部の勧めにもとづいてドイツを一九一八年十一月十日に去ったとき、革命運動から革命が生まれ、それは挑戦する力を国民と陸軍から奪った。その結果が軍事的な敗北であった。戦争に敗れ、旧陸軍は存続することをやめ、ドイツ国民は武装解除されて、あらゆる精神的団結性を失った。

ロシアでは戦争開始から二年半後の一九一七年三月に、急進派グループが将校の助けを借りてロシア皇帝を追い落とした。そして革命は陸軍にも波及した。国民の間でのボリシェヴィズムの広がりと同じ速度で陸軍の解体が進み、ツァーリズムの陸軍は消滅した。ボリシェヴィキは敵の干渉に悩まされることなく新しい軍を立ち上げることに成功したが、その軍は国民の大部分とは共通のものを有していない。

一般的、表面的に判断するとすれば、フランス、ドイツ、ロシアでの革命現象の歴然たる原因は、「国内政治」の領域にあった。この三ヶ国では、国家や社会形態に不満をもち、政府に戦争とその災難の責任を部分的に負わせる国民層によって引き起こされた、国家および社会形態の転覆が問題となっているように思われる。これらの出来事にはまだ他の原因が存在している。

イエズス会支配による政治の結果もあって、皇帝ナポレオン［三世］にますます先鋭に反対するようになっていた広範な層からの不満者の助けを借りて、フランスではユダヤ人とフリーメイソンがイエズス会支配を打倒した。国民の間に不満が広がっていた事実やドイツ陸軍によって悩まされていたフランス国民の間で国民精神が声高に叫ばれたことによって、ユダヤ人とフリーメイソンは目的の達成のために同時に持ち合わせていた行動力を発揮しながら、フランス国民の抵抗力を引き出し、フランス国民に対する支配において、イエズス会の後継者となることができた。

ドイツではユダヤ人とローマ教会はその共犯者とともに、社会的、経済的弊害を利用して国民の団結を破壊した。こうした権力は、世界金融の支配者として支配を追求する中で、一方で純粋に資本主義的な経済秩序によって、――他方で社会主義的、共産主義的な集団化思想によって諸国民、その結果としてドイツ国民にも社会的、経済的弊害自体をもたらしたのである。この諸国民は何も知らず、自らに与えられた、幸せの約束を楽観的に求めて努力し、その際に超国家権力に奉仕し、自らの奴隷化と分断を促進した。その奴隷化と分断に今度はユダヤ人とローマ［教会］が再び干渉し、この分断をさらに深め、国民の肉体的、経済的、精神的な力を完全に破壊することでようやく、完全なる無抵抗かつ集団化された状態で、国民を次第にローマ［教会］の神権国家かユダヤ人の世界共和国の中に消滅させようとしたのである。[3] 皇帝をその陸軍から引き離し、皇帝を追い落とし、旧陸軍を壊滅させたことは目的達成のための手段であった。だが、ユダヤ人とローマ［教会］の道具となったのは、利己的で、部分的には頭がオカルトのようにおかしくなり、フリーメイソンと化し、誤った指導をうけたあらゆる類の「知識人」であり、一部にはしかるべくして不満を抱えた労働者集団であり、いわば神の意志を満たすために国家と陸軍を敵視するように導かれ信心深く飼いならされたドイツ人ローマカトリック教徒であった。政治は世界大戦前にこれら活動分子の策動を指をくわえて見ており、ユダヤ［人］とローマ［教会］の目的追求に、そして一部には秘密結社に集結し、軍の中に潜んでもいたオカルト的でローマ［教会］

3　ここでは手短にこれを示唆するだけにとどめたい。私は『過去一五〇年間の戦争扇動と民族虐殺（„Kriegshetze und Völkermorden in den letzten 150 Jahren“）』〈訳注・München, 1928.〉と『一九一四年の世界大戦がどのように「なされた」か（„Wie der Weltkrieg 1914 ‚gemacht‘ wurde“）』〈訳注・München, 1934.〉の中でこれについての歴史を叙述し、その際、諸国民がどのように超国家権力によって互いに争うように仕向けられたかを示した（巻末の出版物広告を参照）〈訳注・巻末の出版物広告は本書には含まれていない〉。

に飼いならされたフリーメイソンの共犯者の手に、抵抗することなく国民を委ねていたのである。こうしたことで現れた精神的な分断は世界大戦前においてすでにはっきりと見て取れるものであった。陸軍はそうした政治や現象の結果として基本的に冷遇される中で、この憂慮すべき事実とその予想される、戦争遂行への影響に頭を悩ませる十分な機会があったにもかかわらず、軍はそのようなものとしてあらゆるものから距離をとっていたのであった。しかしながら、「政治を行うこと」、すなわちそのような分断の実際の原因とその重大な結果に注意を喚起するのみでは、それらがそもそも認識されたとしても、犯罪（許しがたい行為という意味）であったであろう。君主主義的な意味をもつ、だが結局は全く十分ではなかった陸軍内部でのある程度の教育措置によって、陸軍の精神と、陸軍での兵役を体験した世代の精神は強化されることになっていた。しかし、陸軍自身は政治的な活動から完全に距離を置いており、ところでそれはドイツ国民の大部分とも同じであった。民族的生存の基礎はまだ当時認識されていなかった。この重大な事実は、当時活動していた者にとって言い逃れの手段となっている。しかしこれは、注意散漫になすすべもなく国民の破壊者の活動を眺めていた政治家を免罪するものではない。国民の破壊者にとって、目的は容易に達成できた。ところが、国民の破壊者に立ちはだかったものがあった。それはしかし、政府でも陸軍の介入でもなく、ただ国民精神の覚醒のみであった。それによって、誤って導かれた労働者大衆は、召集に従わずに動員と前線への出発に対する妨害行動をとるという、国民の破壊者によって期待された役割を果たす代わりに、「迫り来る戦争の危険」が宣言され、動員が行われた際には国民と戦争指導に奉仕することになった。

この国民精神が国民の重度の困窮を前にして表れ、意識的に戦争遂行と陸軍の活躍のために広範な国民集団が働いたことで、国民を堕落させようとする者は引き続きしばらくの間は意図したことを実行に移せなかった。また、彼らは忌み嫌っていたロシアを転覆させるために、ドイツの国民および陸軍の力を利用した。ロシア革命が一九一七年に起こったとき、彼らは破壊工作を公然と始め、国民の精神的団結性を破壊し、国民による陸軍への労働奉仕を一層大きく低下させ、革命的な信念を陸軍の中にまで注入し、その抵抗力を挫（くじ）くことに成功した。確かに私は、最初の兆候が認識されるやいなや、愛国教育（der Vaterländische Unterricht）を平時より幅広く行うことで軍内部の精神的な崩壊を克服しようと努めたが、それは手段として十分ではなく、教育を担わなければならなかった将校団にも未知のことであった。将校団自体、確かに政治的にも民族主義的にも堅牢とは言いがたかった。精神的な破壊の効果はますます明確に表れてきていた。私は当初まだそれを食料封鎖と敵のプロパガンダの効果に帰していた。［確かに］そのような効果は存在していた。しかしずっと深刻であったのは、国民の中に潜んでいたユダヤ民族とローマ［教会］の代理人の活動、そして政治、経済および「世界観」に関わる政党や団体の中にいた彼らの隷属者の活動であった。彼らは結局、敵国のプロパガンダに協力しており、その強力な伝達装置と化していた。すでに一八二六年にカニング（Canning）卿が述べていたが、イギリスは「アイオロス（風の神）の袋」を有している（十二月一二日の庶民院での演説の中の発言）。それに続いて彼は次のように説明している。

「我々が戦争に関与すれば、あらゆる不穏分子、あらゆる不満分子が、我々と不和にあるそれぞれの国に原因があろうとなかろうと、我々の旗の下に馳せ参じてくるのを目にするであろう（以下、省略）」

このように我々の敵は、世界大戦中に超国家権力の事細かな指示に従ってこれを実行に移した。［しかし］国民はこの関連性を全く知らないまま、［まだ］ほとんど獲得されるにいたっていなかった精神的団結性を誹謗や口約束によってあまりにも簡単に奪われてしまった。政府はさらに引き続き為すすべもなく、または意図的に何もせずに眺め、そして私の努力にもかかわらず国民に状況の緊迫性を説明もせず、介入もしなかったために、実際に生じた事態は起こるべくして起こったのであった。抵抗が示されることもなく国民の精神的団結性は完全に失われ、それによって国民の抗戦力も失われた。そして軍の団結性も緩み、陸軍の一部は敵に対してまだ英雄的行為をとっていたとしても、軍もまた崩壊するにいたった。その結果は国民の武装解除であり、国民の運命は目的追求のためにユダヤ民族、ローマ教会および敵諸国民の手に委ねられることになった。

ロシアでの革命の過程について簡単でよいので思い返していただきたい。ユダヤ人、フリーメイソン、ローマ［教会］は、彼らが畏怖し、そして誤った方向へと導いたロシア国民の大部分がもつ正当な、もしくは根拠のない不満を利用し、ツァー体制を崩壊させ、ロシア皇帝の陸軍を破壊し、前代未聞の流血と暴力行為でロシア国民の力をボリシェヴィキ革命の中で破壊し、その結果ユダヤ人は国民を最終的に畜殺する（Schächten）ことに成功した。その際ローマ［教会］は、大きな望みに反して、何も得ることができなかった。

ルーマニア人、セルビア人、クロアチア人、スロヴェニア人、チェコ人の間では民族主義的な力も作用していたため、オーストリア・ハンガリーでの革命は一部異なった性格を有していた。しかし彼らも、一八七〇／七一年のフランスにおけるように、表向き「解放された」民族への支配を確立するためにユダヤ人に利用されたのであった。

手短な概略で示したこの事実は、戦争で得られた重大な体験である。それを描写した理由は、まず諸国民の精神的団結性と軍の崩壊を引き起こした、カニング卿の言葉を借りれば、「不満分子」がどのような類のものであるかを示し、そして精神的に団結し、精神的に強固である国民を背後に支えとしてもつことを軍が強く必要としていることを示すためである。最初の怒濤の攻撃で敵陸軍や敵国民の力を打倒することに陸軍が成功するときにのみ、国民の精神的団結性は、私が先ほど示したような決定的重要性をもたないであろう。しかし、とりわけ優勢な相手と戦わなければならないときには、そのような状況を想定することは困難であろう。さらに、各国の「不満分子」が戦争開始とともにすでに非常に大きな規模で活動を継続し、怒濤の攻撃で勝利を摑むという希望を打ち砕くかもしれないことも憂慮しなければならない。そのような「「不満分子」の活動の」可能性が存在するように思われれば思われるほど、敵は一層それを利用しようとする、すなわち、相手国民自体を戦争開始直後から攻撃しようとするであろう。しかし、ここでは次なる戦争体験に［話を］進めたい。

さきほど描いた、国民の団結への執念深い妨害者、および国民の分断の原因を明瞭に見て取ること、それらに対する正しい措置をとること、そしてどのように国民の団結性を獲得できるかということを認識することが、あらゆる国民にとって喫緊の課題である。総力政治の民族的義務がそうであるように、国民の団結性を引き出すことを総力政治の指導者に要求することは、総力戦の指導者にとって喫緊の課題である。妨害者についてと同様、そのような団結性の本質やその基礎について［も］正しい見解が支配的でなければならない。

例えばイタリアとソヴィエトロシアは、国境内部では団結した国民を有しているように外部からは見える。しかし検証してみると、戦争が勃発するだけで緊張が解き放たれ、そうなるやいなや両国において国民を分断するようになる緊張関係が見えてくる。国民精神が意識的な共通の種族・宗教体験（Rasse- und Gotterleben）を通して関わることがないような、強制によって得られた、国民の表面的な団結性は、戦時に国民と陸軍が必要とするような団結性ではなく、機械的であり、政府と国家にとって危険な幻像である。

それと全く状況を異にしているのは、日本国民の団結性である。これは精神的なものであり、先祖との共存への道を維持するために日本人を必然的に天皇に仕えさせる神道信仰にその本質では依拠している。宗教体験が天皇、ひいては国家への奉仕を日本人に義務付ける。日本人の人種的遺伝資質（Rasseerbgut）から由来する神道信仰は国民と国家が必要とするものに対応しており、今日では、どのようにして日本人がこれを認識し、日本で神道信仰が大きく強調され、そして天皇の神格性が不可侵とされるのかを見て取れる。人種的遺伝資質と信仰の一体性、およびそれに基づいた日本国民の生存構築の中に彼らの強さがある。しかし、あらゆる宗教と同様に神道は重大な危険をはらんでいる。だが、それについて私が触れる必要はもはやない。

キリスト教徒になった諸国民は、日本国民のように、政府と国民、国民と陸軍および国民生活全体といったものの一体性を基礎とする固有の信仰をもつといった幸運な状況にはもはやない。キリスト教の教えは異教であり、それは我々の人種的遺伝資質と全く矛盾し、それを押し殺し、国民から固有の精神的団結性を奪い、国民を無抵抗にしてしまうものである。それについてはすぐにより詳しく踏み込むつもりである。血（遺伝資質を指す）は根絶やしにできないため、ユダヤ人とキリスト教会はやむなく諸国民に国民的な価値［の維持］を委ねている。しかし、彼らはこの国民的な価値を利用し、諸国民を相互に戦わせようとする。キリスト教の教えがもっている、国民個々人への影響はそれによって何も変わらない。それは結果において、同様に災いをもたらすものである。キリスト教の教義によれば、ユダヤ民族とローマ教会が世界大戦の中で団結性をドイツ民族のみが自身の民族性と固有性のために生存権を持っている。

この重大な事実を認識することは、ユダヤ民族とローマ教会が世界大戦の中で団結性をドイツ国民から奪うことがどうして可能であったのかについて真剣に考えた結果である。これは、歴史史料および、全く隠しだてなくユダヤ人の目的とキリスト教教義の内容がそのプロパガンダとして描かれている聖書自身をとりわけ、戦争での体験をもって理解を深めながら真剣に研究した成果である。澄み透り、そして聖職者の唆(そそのか)しによって曇らされていない目で聖書を読みさえすればよい。

国民維持の基礎について明瞭に見ようとする努力は、キリスト教教義の価値とその作用について検討することの前で歩みを止めてはならなかった。なぜならば、それは、国民一人ひとりの生存構築や生存への考え全体および彼らの国民の中への統合、極めて重大なときに自らの［生存］維持のために戦わなければならない国民の精神的団結性の創造や維持にとって決定的であるからである。[4] この重大な検討を行った結果、キリスト教教義は、固有性を奪われ、集団化された諸国民の上に世界共和国や神権国家を建設することを目的としてユダヤ人やローマ［教会］が戦う際に、極めて適切なプロパガンダの教えに他ならないということがとにかく確認できた。

旧約聖書では[5]、ユダヤ人の民族的神やキリスト教の世界神ヤハウェが選民であるユダヤ民族

4　妻〈訳注・後妻マチルデ・ルーデンドルフ（Mathilde Ludendorff）〉と私が憎悪やその他の動機からキリスト教教義に反対していると勝手に言われている。これは正しくない。確かに私たちは国民、国民性の敵に対して敵意を示している。だが、キリスト教への反対の根拠はこの論文に書かれていることから生じてくる。

5　私は、聖書のどの箇所を考察の対象としているかについてここでは挙げることができない。私はこれを

に与えた諸国民統治への指示とこれにいたる道筋があからさまに認められ、その指示はローマ教皇によっても自らの神権支配の正統性とその遂行のために神の掟（おきて）として使われている。次にこの指示を、反抗的で生存意欲をもった国民に対して容易に実行に移すために、この教義は、キリスト教徒からあらゆる民族主義的、人種的な感情を奪い、同時に地上での生存の意味として、このヤハウェの掟に従ったことへの報酬である、天国での永劫（えいごう）で幸福な生を提示するが、それは、地上でこの掟に従わなかったことで永遠の地獄行きを宣告されない場合においてである。地上での存在は、キリスト教徒にとって天国での永遠の命もしくは地獄での永劫の罰への単なる過渡的形態にしかすぎなくなる。天国と地獄という教えは、キリスト教徒を前代未聞なまでに利己的にする。なぜならば、その者のみが、地上での短い存在の後に天国か地獄での永遠の生を送り、祝福または恐怖に耐えなければならないからである。キリスト教の教えは、ヤハウェの代理人としての神官を通して、個々のキリスト教徒に天国に行くために何をし、地獄に堕ちないために何を避けなければならないのかを示し、それによって国民同胞の精神生活とは全くかけ離れたところで特殊な精神生活を送るように仕向けるのである。そのような人間は簡単に国民の中から「救い出す」ことができる。そのように「救い出された者」は従順に神官の手に自らを委ねる。天国への

しばしば引用しており、ここでは私の小冊子『キリスト教の彫刻にみる国民の運命（„Des Volkes Schicksal in christlichen Bildwerken"）』〈訳注・München, 1934.〉を示唆しておく（巻末の出版物広告を参照）〈訳注・出版物広告は本書には含まれていない〉。

希望と地獄への恐怖がこのために役に立つのである。［しかし］これでも、まだ十分とはいえない。信者は完全に無抵抗でもなければならない。それゆえキリスト教の教義は、神が信者について個々に審判を下すと教えている。そのため、敵として対峙している参戦諸国の国民が、ユダヤ［人］もしくは神権支配の下に彼らを置こうとした同一の神、同一のヤハウェに戦争の開始にあたって勝利を乞う事態にまでいたりえた。キリスト教徒は、ヤハウェから与えられた災難において――その災難が大きければ大きいほど、ますます――自分に向けられたヤハウェからの特別な愛を認識しなければならないために、特にそのような災難をヤハウェに感謝しなければならないが、それと同様に、敗戦の恐ろしいほどの窮状についてもヤハウェに感謝を述べなければならない。なぜならば、キリスト教の考えによると、ヤハウェは、それによって当人およびその国民を救済に向けて特に「浄化する」ために、そのような災難を遣わすからである。そこでキリスト教徒が、［キリスト教］教義の結論と、自由への民族的意志からなされる自身への要求との間にあるそのような解きがたい矛盾について深く考えないように、彼を宗教体験の領域において完全に思考・判断停止の状態にしなければならない。そのときにようやく彼は神官の手の中の、従順で無抵抗、そして思考に乏しい道具となり、それによってユダヤ人とローマ［教会］のそれとなる。そしてさらなる教唆によって何に対しても、そして自国民に対しても他国民に対しても敵対するよう導かれうるようになる。そのとき初めて、キリスト教は自らの任務を果たしたことになる。それによって、キリスト教諸国の民が世界大戦で「不満分子」の活動の下、崩壊してしまったことは容易に説明がつく。とりわけユダヤ人とローマ［教会］がこの崩壊を目指していたために、キリスト教とそれに則った生存構築は、総力戦の苦境の中で起きた民族的崩壊の最も根本的原因である。

数多くのドイツ人が表向きのみキリスト教徒であったとしても、我々は世界大戦においてまだキリスト教国の国民であり、偉大な業績を残した。しかしそれは、我々がキリスト教徒であったからではなく、キリスト教の教義が国民精神の上に築いた瓦礫（がれき）が国民精神の覚醒によって取り除かれ、その覚醒がドイツ人の中で聞かれるようになり、ドイツ人を国民の生存維持のための戦いへと駆り立てたからであった。キリスト教の教えが、「不満分子」が国民精神に向かって襲いかかる際に必要とされるような忍耐力を我が国民に保障する信仰教義ではなく、またその異質性からもそれでは全くありえないということは、戦争のさらなる展開の中で国民精神が声を上げなくなったことで、全く重大な戦争体験として明白に示された。ロシア国民［に起こったこと］もこれに関する重大な証拠である。キリスト教国の国民が勝利したとしても、それは彼らがドイツ国民やロシア国民のように重大な試練に立たされていなかったためであり、その解体のために何も起こらなかったからである。オカルトなキリスト教を他のオカルトな幻想教義で置き換える努力がなされるとすれば、誤って導かれた国民は小難から逃れて大難に遭うことになる。

タンネンベルク（Tannenberg）で勝利した（現ポーランド領オルシュテイン［Olsztyn］近郊で一九一四年にドイツ軍とロシア軍との間で行われた会戦。パウル・フォン・ヒンデンブルク［Paul von Hindenburg］、ルーデンドルフ率いるドイツ軍による勝利に終わる）ことや私がドイツ軍を指揮したことによって四年にわたるドイツ陸軍と国民による抵抗が可能となったが、その抵抗と世界大戦における民族レベルでの重度の困窮、および世界中で宗教体験が窮地に陥っていたことがドイツ国民の人種的な覚醒へとつながった。人種的遺伝資質と、それとともに国民精神が、以前よりも先鋭に我々の意識の中に再び浸透し、それらは国民の生存維持、だがまた人種覚醒の頂点を飾る固有の宗教体験の中での宗教性の維持をも要求するのである。この深遠で精神的ともいえる事象は、私の妻がかつて行い、その著書の中で偉大な哲学的認識を通して我々に与えたように、[6] 我々の人種的遺伝資質をもった諸国民に歩むべき道を示し、国民の間での精神的なつながりと人種混合や異教信仰の災難を認識する目を研ぎ澄まさせ、歴史と自然認識に関する書物や人間精神と国民精神に関する書物を読む力を与えた。国民の精神的団結性は——それはとにかく総力戦遂行の基礎であり、そうであり続けるのであるが——人種的遺伝資質と信仰を統合することや、人種的遺伝資質の生物学的・精神的な法則と特性を子細にいたるまで尊重することによってのみ到達できる。神の感受を宗教認識（Gotterkennen）にまで高めるという、人種的な遺伝資質がもつ衝動をその際において受け止める場合に限って、これまでキリスト教徒であった北方諸国民は不可侵の団結性を得ることができる。彼らにおいても、日本国民や他の人種の諸国民や種族と変わりはない。これは精神の起源と本質および国民精神の本質と

6　私の妻の著作である『国民精神とその力の形成者　歴史についての哲学（„Die Volksseele und ihre Machtgestalter. Eine Philosophie der Geschichte“）』および『私の著作の宗教認識から（„Aus der Gotterkenntnis meiner Werke“）』を特に示唆しておく。

作用にとにかくその基礎をもつ。それは、我々から民族的団結性を奪い、それによって隷属を余儀なくするユダヤ人・神権支配の下に我々を導き入れ、そして我々が生存構築のために生存への団結した意志を投じられないようにするために、キリスト教の教義が我々から何世紀にもわたって奪ってきた真実である。

あらゆる人種的遺伝資質は固有の宗教体験を含んでおり、日本国民は北方人種とは異なったそれをもっているため、我々と血を分けた国民が有する団結性は日本国民のそれとは異なった基盤をもっている。例えば我々の人種的遺伝資質は日本国民の中で支配的である強制というものを拒否するが、他方で利己心を助長するキリスト教の教義が結果として生み出す自由主義的で同胞の運命を省みない自由も拒否する。私の妻の著作に記されているように、ドイツ人の宗教認識(Gotterkenntnis)は、人種的遺伝資質と種に適った宗教体験が国民維持や国民の防衛能力――それは精神内部の団結性に由来する――にとって高い重要性を有することを証明し、国民維持や国民の防衛能力と調和する。その際にドイツ人の宗教認識は、死後の世界のための約束といった証明不可能なものと結びついた神話ではなく、自然科学による不動の認識および人間の精神と国民のそれについての認識に基づいている。それは、この世で証明できないものについては語らず、明白に述べられないものには触れない。ドイツ人の宗教認識は、あらゆる干渉と妨害を拒絶し、各人の極めて私的な事柄であり、日本国民の場合のようにどちらかというと国民に関する事柄ということではない。そのためにドイツ人の宗教認識は、国民維持に関して別の道をとる。ドイツ人の宗教認識は、個々人にいずれは死ぬ人間として、その――永遠の生をもつ――国民の中での確固たる位置を与え、国民に対する重大な義務を個々人に負わせる。それは命をもって国民を擁護するという義務をも含むのである。ドイツ人の宗教認識は、長い系図の中で本当に国民を、闘争能力および生存意志をもった運命共同体、すなわち――全くもって月並みな表現を使うならば――自立し、自分自身のことに責任を感じ取り、「原初的意志（Urwille）」、「摂理（Vorsehung）」、神といったものの介入に期待をかけない運命共同体にする。ドイツ人の宗教認識においては国民の維持は、あのオカルト的で日本的な強制や物質主義的でボリシェヴィズム的な強制からも、そしてキリスト教の自由主義的自由からも同等に離れたものになる。ドイツ人の宗教認識は行動の自由を求めるが、国民の維持を目的とした道徳的強制を［も同時に］認め、そのために国家による指導を求める。しかしそれは、宗教生活へのあらゆる干渉をも拒否すると私がすでに言及したように、それ以上のあらゆる強制を拒むのである。道徳的な自由は、民族的法によって保障されるが、我が国民の生存構築における、種固有の宗教体験の外的表れであり、国民同胞の充足感と国民の団結性の基礎である。

ここでは次のような説明を述べるだけにとどめたい。すなわちこの説明では、とりわけドイツ国民の精神的団結性の基礎とそれを構築する方法を示し、総力戦を率いる将帥と総力政治に対してふさわしい道を明らかにするという目的が追求される。精神生活の中に深く根付いた団結性をもった国民のみが、総力戦のための、またはその中のあらゆる領域で軍の支えとなり、総力戦の困難でさえも耐え忍ぶことができる。

何人も宗教体験が国民の生存構築と維持にとって重要であるという事実を避けて通ることができると考えてはならない。宗教体験は生存構築と維持にとって基礎となるものである。ユダヤ人とキリスト教の神官はこれを知っている。キリスト教の教えは諸国民と人々にこれを忘れさせていた。人種意識の覚醒によって彼ら（諸国民と人々を指す）はこの認識を取り戻すこととなった。

ドイツ人の宗教体験を保障し、我が国民の精神的団結性の基礎を成すドイツ人の宗教認識は、国民がもつ種固有のあらゆる宗教体験と同様に、「抽象的」ではなく、建設的かつ促進する形で国民の生存維持や後に示すように規律と軍隊教育に影響を及ぼし、それによって総力戦における重大な必要事項に関しても影響を及ぼす。

健全な子弟を教育するためのさまざまな生物学的な措置は、精神に関する人種法則を遵守することで初めて十全たる意味をもつようになる。しかしそれは、健全な出産を危険にさらし健康を損ねるようなアルコール、麻薬、ニコチンに向けられていなくてはならない。精神に関する人種法則の遵守によって初めて、経済状況の健全化と並んで国民の増大に対する責任感が男女の中で刺激され、女性には母性の任務を気高く遂行することが民族への義務とされる。それによって初めて、軍の中で必然的に強く感じられる出生数の減少という計り知れない危険が克服され、そしてまたそこで初めて、力溢れる数多くの補充要員を陸軍に供給し、そして総力戦を遂行し、それを耐え忍ぶことができる、健全で増え続ける種族が生まれる。

種固有の宗教体験において生存を構築する場合には、意志の醸成の点で男女とも、義務に従って生き、国民の敵を認識する十全な国民構成員へと教育され、彼らの肉体的な力と若々しい精神はあらゆる類の害から守られる。しかも、成人国民同胞の精神を肉体と同様に害から守るという義務も果たされる。コリント人への第一の手紙第一章第二六節から第二九節によれば、キリスト教の見解の中では発作的に興奮状態に陥る弱者は男女両性とも特に選ばれた国民同胞とされ、彼ら、および予言や占星術、運命を司る神を信じるオカルトな病人は、戦争という非常事態の中で国民維持にとって重大な危険［要因］になりうる。それは、彼らにとてつもない要求がなされるときに一層当てはまる。これを明白に認識することは総力政治の課題である。それは戦争の危険が決して差し迫りえないとしても、永続する国民への義務感から総力政治の課題でなければならないであろう。

我々は精神的・肉体的に強靱な国民を必要としており、その国民とは、敵の意志を挫き、前線および後方さらに敵の手の中においてさえも戦争の苦しみに抗うために、何ヶ月も何年も敵に対して限界まで懸命の努力を行うことができ、そして迫り来るありとあらゆる危険を認識し、戦争が長引くにつれて全くもって容易に増大する絶望に対して強くあり続けるような国民である。総力戦は厳たるものである。それは男女問わず極限のものを要求し、男性にだけではなく、子供や夫が危険にさらされる経験をする女性にも向けられている。女性こそが、国民の団結性のために計り知れない精神的な強さを役立てなければならない。兵役に適した男性が前線で戦い、またその他の軍役を担うため、女性は単独で行動しなければならない。男性は武器を手に取るとすると、女性は国民と陸軍のために国民経済の領域で活躍しなければならない。総力戦で非常に重い責任を担い、男性が国民維持のために兵役を担うのと同様に重要な事柄である国民増産のために子供の出産において命を懸ける女性は、ユダヤ・キリスト教的でオカルトな考えの中では権利を剝奪され、狡猾な神官の手中にいる信心ぶった女性や、オカルト犯罪集団の意志のない道具となってしまうことが全くもってしばしばある。彼女たちはいずれにせよ国民の運命を破滅へと誘おうとするのである。ドイツの宗教認識に沿って形成される世界観――他の世界観はここでは考慮しない――は、男性に対する女性の本質的な差異を認めながらも、女性を男性と対等に扱い、国民の増産だけではなく、国民の、力に満ちた生存維持のためにも女性固有の能力を利用し、女性を男性と並んで――戦争の喫緊性の中でも――国民の精神的団結性の守護者とする。国民精神はドイツの子供の母親の中で強く発現するため、女性にはこの任務を果たす能力があるといえる。総力戦の中で国民が限界まで懸命に努力することを可能にし、国民を維持しようと努める総力政治は、国民の中での女性の位置付けという問題を極めて真剣に注視しなければならない。自分自身、男性、そして子供との関係において女性を劣等な立場におくのではなく、女性は、国民と国家の中で、我々の人種的遺伝資質に適った、男性と同等の立場を得るときに限って、自らに課せられた任務を成し遂げることができる。

総力政治は、軍の指導者がその解決に同様の規模で関わっている重大な民族的問題に対応しなければならない。民族的な政治の本質がもつ、戦争にとっての重要性に関して［正しい］認識がなされていない限り、国家は民族的な政治を実施せずにすむか、または後回しにすることができた。［しかし］総力戦と総力政治の本質が明らかにされるときからは躊躇や無為はもはや許されるものではなく、それは陸軍や国民に重大な結果として撥ね返ってくる可能性がある。国民からその最大の力を総力戦の中で要求する時期がどれだけ早く迫り来るのかは誰にもわからない。

自発的であろうと、敵国の指示またはユダヤ人やローマ［教会］といった超国家権力の代理人の指示であろうと、または敵国による直接のプロパガンダであろうと、「不満分子」や悪意を抱いた妨害者が国民の団結を妨げたり危険にさらそうとしたりするため、例えば厳重な報道検閲、軍事機密の漏洩に対する法の厳格化、中立国に対する国境往来の禁止、集会の禁止、少なくとも「不満分子」の頭目の逮捕、鉄道交通と無線組織の監視といった特別な措置を国家、すなわち総力政治と総力戦の戦争指導部がとらなければならないことは当然である。それと同様にまた、問題になっているのは国民の維持に関する事柄であるため、彼ら（「不満分子」や悪意を抱いた妨害者を指す）に対して極めて真剣に、そして極度の厳しさをもって手段を講じなければならない。国民の生存が外来の教えのように不健全な基礎の上にではなく、人種的な認識の上に、また固有の宗教体験の中で、そしてそれによって健全な基礎の上に拠って立っているとしても、そのような国民の中にもまた、有害な人間が含まれているであろう。彼らは国民維持を危険にさらし、［そのため］予防的な措置、すなわち罰を示唆することによって、国民を危険にさらす行為を思い止まらせなければならない。固有の宗教体験にとっても、国民や個々人の生存構築のために健全な基礎を供給することしかできない。特に個々人がどの道を選ぶかは彼らが自己をどのように構築するかに委ねられており、その自己構築の最終結果は、何人も、またどの国家も変えることができない。国家は、腐敗した国民同胞の悪行から国民を守ることしかできない。その際、不可侵の法のみが支配していなければならないのは、その対策および実行と同様に当然のことである。さもなければ対策を講じたとしてもその目的は達成されない。人伝えのデマを長期におよぶ戦争の全期間にわたって阻止することは不可能に思われる。「不満分子」は活動を徐々に開始し、そして次第にその活動を強めていく。我々は、国家が仕損じることになった世界大戦の戦争経験からそれを知っている。だが、国家の強硬な措置でさえ、当時それを長期にわたっては押しとどめられなかったということも私は知っている。当時の国民同胞にはあまりに多くのもの、つまりは精神的団結性の基礎が欠けていた。

　戦争の総力的な遂行と総力政治は、当然のことながら国民の団結性が脅かされることだけを予防すればよいものではない。この団結性は、新聞報道、ラジオ報道、映画やその他のあらゆる発表物や使用可能な手段をもって維持しなければならない。政治は、人間精神や国民精神の法則を知り、それを正確に遵守するときに初めて、それに関連する措置の中で正しいことができるであろう。国民の精神力を高い状態で維持することは、いわば機械的な方法で可能となるのではなく、魂をこめて行われなくてはならない。ゲーテの『ファウスト』は兵士の背嚢（はいのう）にふさわしいとはいえないが、シラーの自由への熱い衝動は英雄的な意志を固め、そしてそれを生み出すであろう。

世界大戦において我々には、かつて詩でスパルタ軍に勝利の力を与えたテュルタイオス（Tyrtäus）のような人物が欠けていた。その代わりに、我々は「自由の歌」としてユダヤ人の歌である（起源はオランダであるが、ユダヤ系詩人が一九世紀にドイツ語への歌詞の翻訳を行った）「我々は祈りのために公正者である神の前に立つ（„Wir treten zum Beten vor Gott den Gerechten“）」や、「ラインの守り（„Wacht am Rhein“）」の中の「親愛なる祖国よ、安寧であれ（„Lieb Vaterland magst ruhig sein“）」［といった歌詞］を歌っていた一方で、ドイツ国民は自らの生存と郷土のために極めて深い騒乱の中にあり、孤軍奮闘であろうとそのために戦うべきであった。「精神的な動員」について、およびドイツ人個々の精神とドイツ国民［全体］の国民精神への働きかけについては、なんら思案がなされていなかった。

この領域でも、総力政治は戦争の政治であるだけではなく、民族的政治そのものであり、この民族的政治は、効果的であるために、戦争が始まってからようやくこの点でも動き出すのではなく、基盤、すなわち生存構築を固有の宗教認識に沿って成し遂げていかなければならない。それによって初めて、「不満分子」の活動を撃退し、精神的団結性を保持するための措置の成功が保証される。というのも、そのときに、一致団結した国民は「不満分子」の行動やデマに立ち向かうからである。

成熟した国民は政府に真実を要求し、それは平時の状況についてだけではなく、戦時にはいよいよもってその［国民が置かれた］状況についての真実を要求する。さもなければ、ここにおいても「不満分子」やデマ拡散者に対してあまりに簡単に［活動の］自由を譲り渡してしまうことになる。成熟した国民は、公表された真実から敵があまりにも頻繁に重要な記述を読み取り、戦争遂行が全く不可能になってしまうために、真実を一時間おきに伝えることはできないということを知っている。報道と公式発表はそれゆえ特別な扱いを必要とする。総力政治は、これを遵守しない場合に重大な不作為の責任を負わなければならないが、それは、適時、そしてようやくなされる偽りのない事実描写と整合性がとられる必要がある。九月九日のマルヌ川（die Marne）での不幸（開戦以来前進を続けていたドイツ軍右翼部隊は、マルヌ会戦でこの日、後退を余儀なくされた）とそれが戦争において有する意味が国民に真実通りに伝えられなかったことは、一九一四年に重大な報いとなって返ってきた。

　不満の深い根源、すなわち国民の団結性にとっての危険は、戦前、戦中の経済情勢の構造であった可能性がある。これは、社会民主主義および共産主義の教義によって国民の間に持ち込まれた亀裂をもとに、十分明白に証明される真実である。総力戦を意識的に戦い抜く団結した国民は、多くの欠乏や飢餓を恐らく耐えるであろう。それは、世界大戦中に大部分のドイツ国民自らが証明したことだが、我々は、勝利や戦争、国民の抵抗の意志、そして国民の団結といったこれらを妨害するために経済的な苦境が「不満分子」によってどれほど利用され、そして利用されえたのかということも知っている。この苦境が例えば、良心を欠いた富裕な国民同胞が貧しい者に対して自己に有利な状況を作り出す等といった現象を伴うとすれば、「不満分子」にとってその分だけ活動が容易になる。しかし、総力戦の中での国民の経済的補給という重大な問題については次章で説明する。ここでは、経済的な補給が国民の団結性と関連しているため、簡潔に示唆しておくことが遍(あまね)く問題を捉えるために必要であった。

また、国民の団結への要請は、極めて一般的に、種固有の宗教認識を根底にもつ国民の生命観から経済状況が構築されるときにのみ、経済状況の構築によって応えられるということが確認できるだけで十分としなければならない。種固有の宗教認識はその意味するところに従うと、ここでもまた道徳的な自由を求めている、つまり勤労国民同胞および成長し、戦う能力のある国民の全体幸福が極めて正確に考慮されることを求めている。

クラウゼヴィッツはその教養『戦争論』の中で、戦争において国民の団結が絶対に必要であることについて記していない。シャルンホルスト（Scharnhorst）やボイエン（Boyen）による一般兵役義務の帰結として現れざるをえなかったように、この一〇〇年の間に国民は屈強にも尊敬を勝ち取ってきた。一般兵役義務は、長い間隔てられていた国民と国家をつなぎ、戦争という重大な緊急事態において国家の目を国民に向けさせた。すなわち国民は納税や「服従」とは異なった目的のために存在しており、その目的はまずは第一に国家や政府の防衛であった。私は自身のヘルメットの鷲の上に次の言葉を掲げていた。

「神とともに国王と祖国のため」

　この文句は国民という言葉を含んでおらず、そのために十分なものではなかった。[7] 総力戦では今日、国民という言葉と、それとともに国民自身が前面に現れ、同時に、日常および特に生死をめぐる緊迫の中で国民を維持するために国民精神がどれほど重要であるかが認識された。自由な国民の維持とは確かに切っても切れない、国家の維持も総力戦では問題となるが、総力戦では、結局のところ国家ではなく「国民」が戦うのである。国民の中の個々人は前線または銃後で自らの力をすべて捧げなければならない。国民の生存維持のためだけに戦争が行われているということが口先だけのものではなく、自身にとって絶対の真実であるときにのみ、個々人はこれを実行できるであろう。総力戦での重点は**国民**にある。総力戦指導は国民を考慮する必要がある。総力政治は総力戦指導のために国民の力を提供し、国民を維持しなければならない。人種および精神の深遠な法則を遵守することによって、国民、戦争遂行、政治を溶接して巨大な一つの塊にしてしまうことが可能となるであろう。その一つの塊が、国民の生存維持の基盤なのである。

7　この文は真にユダヤ的な考え方に適ったものであった。しばしば聖書で語られているように、ヤハウェが現在のユダヤ民族の祖先にあてがった土地、すなわち全世界はユダヤ人の祖国である。ユダヤ人は母親を軽視するが、我々には彼女たちがついている。我々にとっては「祖国（Vaterland）」という言葉は全く合わない。我々には「郷土／銃後（Heimat）」という美しい言葉がある。この郷土のために我々は戦ったのであった。我々がヤハウェとともに彼の偉大な「祖国」のために戦ったとすれば、それはユダヤ人を確かに利するものであった。ユダヤ人のヤハウェは、銃後の崩壊と国王の失脚を望んでいたのであった。

経済と総力戦

経済は血の通わないものではない。それは生命に満ちたものである。人は土地を耕し、そこから財貨を取り出し、国民の需要——むろん、それはしばしば人工的に作り出されたものであるが——を充足するために、大地の恵みや得られた材料を加工するのであり、それらはすべて、力を生み出すために人によって操作される必要のある技術的な補助手段を広く用いることでなされる。技術は血の通わないものではない。それは生命に満ちたものである。芸術家の手の中で正しく扱われるならば、それは文化の維持、すなわち国民の宗教体験の維持のためにも使われる。人は頭と手を用いて経済に生命と力を吹き込む。私は、後述において「血の通わない」経済、すなわち国民と陸軍の生存維持と補給に関する物質にまずは絞って言及する際に、このことをますます強調するのである。

経済的な領域においても、軍と国民は一つの巨大な塊を形成している。総力政治と総力的な戦争指導が平時においてこのことを認識することに早すぎることはない。彼らは次の重大な問いを検討しなければならない。それは、銃後自体が軍と戦争指導を含む全国民の生存への欲求に関して特に何を生み出すことができるのか、外国から何を購入し、戦争勃発後もそれを期待できるのか、海へのアクセスが銃後に開けたままなのか、それともドイツとオーストリア・ハンガリーが世界大戦中に北海と部分的にはバルト海にいたイギリス［海軍］によって、地中海ではイタリアとフランス［海軍］によって体験させられたように、海へのアクセスは海戦や封鎖によって閉ざされてしまいうるのかという問いである。たいていの国は、輸入の封鎖や制限を考えておかなければならない。海を支配していたイギリスでさえも、一九一七年の夏にはドイツの潜水艦によって輸入［経路］が極めて危険にさらされていた事実を目の当たりにしたのである。

国民と軍の経済的な補給と極めて緊密な関係にある、次なる極めて重大な問題は、国家の財政状況、および動員と戦争遂行を目的とした実現可能な財政措置である。

総力政治がここで総力戦遂行に資する必要のある領域は広きにわたっている。短期間の戦争であれば、そのような課題を解決に導くことはより容易であると思われる。来るべきヨーロッパ戦争がそのような形をとることはありえる。そして、参戦国は短期戦を軍の準備において模索し、長期的な戦争によって国民の団結に忍び寄る危険性ゆえに短期戦が要求される点を除いても、経済的、財政的な面でそれを行うよう三重（軍における準備態勢、経済、財政の観点という意味）に促されることは確かだが、そのような希望がかなえられるということを誰が保証しようとするであろうか。世界大戦の前には、「戦争指導部と政治」も来るべき戦争は短期に終わるとしか考えていなかった一方で、私はすでに真剣に、軍の弾薬装備に関して別の可能性を指摘していた。私もまた四年にわたる厳しい戦争期間は考えていなかったとはいえ、残念ながら正しかったのは私の方であった。

財政領域も含めた経済領域全体でどのような措置を各国がとらなければならないかは、もちろん答えられない。国民と陸軍に欠けているものがあってはならず、戦争と戦争行為の遂行は保証されていなければならないという原則を除いては、原理原則を立てることはできない。しかしこの原則は言うは易く行うは難しであり、その原則に完全に沿うことは決してできない。現実は理論とは異なる。しかし戦争遂行のためには、その原則の実現度合いに限りなく多くのものが左右される。次に、私は世界大戦前と大戦中のドイツの経済状況および当時の戦争遂行に関する措置を記述しようと思う。読者は自身の体験を振り返り、各国家の戦争指導が経済領域で現実にいかなる要求を総力政治に対して行う必要があるのかということや、どの程度その要求が満たされ、あるいは満たされうるのかということについて結論を引き出すことができよう。

ドイツは一九一四年の世界大戦にあたって、経済的にも財政的にも準備が整っていなかった。財政動員自体に関してのみ十分な措置が取られていたにすぎない。私は、読者がドイツの金銭的な準備と一国の財政に戦争が突きつけた要求について想像できるように、まずは財政動員について述べることにする。国家史料館（Reichsarchiv）編『世界大戦――軍備と戦争経済（„Der Weltkrieg - Kriegsrüstung und Kriegswirtschaft“）』（正しくは、『世界大戦 一九一四年から一九一八年まで――軍備と戦争経済（„Der Weltkrieg 1914-1918. Kriegsrüstung und Kriegswirtschaft“）』E. S. Mittler & Sohn 出版社、一九三〇年。編集を行っている国家史料館とは、敗戦後に戦勝国からの参謀本部解散要求に対抗するために、参謀本部戦史部を引き継ぐ機関として一九一九年に設立された、内務省管轄の国家機関である。主に第一次世界大戦の戦史編纂を行う）によれば、ドイツ帝国銀行（Reichsbank）は、戦争開始時に、帝国［保有］の三億マルク分の現金を含め、二〇億マルク分の金を保有していた。これによれば、法定の三分の一の金準備を想定すると――そのような金による裏付け以外のものは［世界］大戦前の時代では考えられていなかった――六〇億マルク分の紙幣流通が可能であった。ドイツ経済ではいまだ二〇億マルク分の金と現金が流通していたので、当時の経済状況における現金需要を満たすためには、一八億マルク分の紙幣が［追加で］発行される必要があった。すなわち、金準備をそのようなものとしてなんらかの形で脅威にさらすことなく、まだ四二億マルク分の紙幣を経済に供給することができた。すでに動員を含む最初の戦争月間には四五億二〇〇〇万マルクが必要となっており、その結果、法定の金準備で発行できるよりも多くの紙幣が即座に発行されなければならなかった。それに加えて、当然のことながら、さらなる追加資金の需要が存在していた。国民の間では、戦争について当時情報が不足していたことから、戦争になった場合には、正常な経済状況にもかかわらず、証券取引所での売り注文の殺到と、貯蓄銀行と銀行からの過度の引き下ろしが予想され、これに対処する必要があった。しかも、経済が回り続けるようにし、軍備を目的とした労働を可能にするために、信用貸付のための支払い手段がさらに必要とされていた。この両者（銀行口座からの過度の引き下ろしの危険と信用貸付のための支払い手段の準備の必要性）が、一五億マルク分の貸付証

8　フランスとロシアは金準備の点でドイツよりさらに優位に立っており、オーストリア・ハンガリーはドイツより不利な状況にいた。イギリスは確かにドイツより少ない金準備高を有していたが、その財政状況の健全さに関してはどの参戦国よりも抜きん出ていた。この記述には［保有］外貨、すなわち他国の支払い手段は含まれていない。外貨管理は当時、まだ存在していなかった。

と、貸付証と同様に大部分がすでに印刷されていた二〇億マルク分の小額帝国銀行紙幣の準備へとつながっていった。そのようにして、動員の発令時には陸軍と国民経済の当面の需要は満たされた。それまですでにイギリスを除いてすべての国家が行っていたように、［一九一四年］七月三一日にはドイツ全土で証券取引所が閉鎖され、イギリスは同日にこの措置をとった。八月一日には、ドイツ帝国の、十分に健全な財政状況を基盤とした、財政分野における動員措置が公布された。[9] 前述の著作『世界大戦　一九一四年から一九一八年まで――軍備と戦争経済』の中から次の箇所を読んでみることにする。

「しかし、差し迫るパニックに対処するために、ありとあらゆる力を動員することがドイツ帝国にとっても重要であった。この危険時に、ドイツの役所側担当部署および経済の指導的人物がここ数十年の間に財政組織について先見的に築き上げてきたものが効果を発揮した。著しい経済的発展によって極めて逼迫（ひっぱく）していたドイツの金融・貸付機関を安定させるという、あらゆる関係集団の絶え間ない努力がいかに必須であったかが、今示された。特別な困難もなく、ドイツ経済の財政的基礎は戦争のパニックという嵐に耐えることができた。

9　ドイツは五〇億、フランスは二八〇億、ロシアは一九〇億、イギリスは一四一億二〇〇〇万マルクの国家債務残高を抱えていた。他国の場合は市町村、ドイツでは州と市町村がさらに借金を抱えていたが、ここではその比較は行わない。

八月一日のドイツ軍への動員命令は財政動員をも引き起こした。ユリウス塔の帝国戦争資金（Reichskriegschatz）（それは、一八七一年のドイツへのフランスによる財政支払いからの一億二〇〇〇万マルクとそれに加えられた八五〇〇万マルクの特別金準備からなってい た）」、「手持ちの現金とその他の帝国準備金は——予定されていたように——金属準備高の強化のために帝国銀行に引き渡された」（計約三億マルク）。「陸海軍動員のために財政的に必要なものの調達は、とりわけ帝国銀行での短期貸付金の利用によって行われた。特に、中央発券銀行の側から計画通りに特に規模の大きな信用貸付が経済・商業界に、および商品在庫と有価証券への抵当貸付が、帝国の比較的大きなあらゆる都市に迅速に設置された貸付銀行（Darlehenskasse）を通じて行われた。

帝国銀行は、銀行で通用する商業上の手形と同様に、国庫短期証券（Schatzanweisung）と帝国手形（Wechsel des Reiches）を紙幣の裏付けとする権限を与えられた。深刻な場合のために用意されている『保管』紙幣（私が前述した二〇億マルクの小額帝国銀行紙幣）」「は流通向けの発券のために帝国銀行に供与された。しかしとりわけ、強制交換比率の宣言に関する準備法案に沿う形で、紙幣の金への兌換義務から帝国銀行は免除された。この重大法案の施行は自らの生存のために戦ったが屈服させられた［ドイツ］帝国にとって緊急性に迫られてとられた強制措置であり、それは四〇年間有効であった金本位制の原則からの離反であった。同時に、それまで国家に対して存在していた、帝国銀行の財政的独立性は戦争遂行のために広い範囲で制限されることになった。

しかし、帝国は、［以上で］説明した財政上の技術的動員措置以上のさらなる準備措置を取らなかった。国家財政の長にもまた、深刻な場合に備えての特定の財政動員実施の基本指針は指示されていなかった。戦争を成功裏に行うために必要な国家財政をどのようにして調達できるのかという問題は、彼の決断に委ねられていた。ドイツは世紀転換後にようやく、金融市場を巧みに扱って借入金を利用する洗練されたテクニックを使い始めたわけだが、過去一二五年間に増加した国民の富を考えると、不利な財政状況が戦争の成功を台無しにしてしまうという恐れを抱く必要はない。むしろ、国家防衛のために、戦うことができるドイツ［人］だけが旗の下へ馳せ参じるのではなく、銃後の全国民が幅広い物質的犠牲を負う準備を喜んで行うことが確信をもって想定できたのであった」（国家史料館編『世界大戦 一九一四年から一九一八年まで――軍備と戦争経済』478－479頁より）

金準備の必要性を信じ込み、金の本質について依然として熟慮していなかった国にとっては、財政動員措置は実用性の観点から選ばれた。また、それに加えて別の経済措置もとられた。売掛金の支払いを延期するという支払猶予をここでは思い出していただきたい。政府にとって世界市場が閉ざされていたため、財政領域での戦争遂行のために、政府は国内での債権［発行］という道を進んだ。国民は八四〇億［マルク分の債権］を引き受けることになった。［ドイツ］政府は、例えばイギリスで実施されたような増税を断念した。敵国が債権をどれほど利用していたのかは十分知られている。特にアメリカで「活動していた」ユダヤ・ローマ世界資本（Weltkapital）は、アメリカがドイツの敵国の側で参戦するよりも前に敵国債権を［アメリカに］喜んで引き渡し、そして後には、その資金を回収するためのドイツに対する「十字軍」にアメリカを導いた。

世界大戦と世界資本主義者（Weltkapitalist）によって引き起こされた経済的惨事によって混乱したまま形成され、イギリスにおいてのみ満足できるといえる不安定な財政状況の中で、諸国がそもそも戦争を「財政的に支える」ことがどれほど可能であるのかはわからないままで満足しておかなければならない。戦争がユダヤ［人］やローマ［教会］の希望に沿っているならば、資金はそのために世界資本主義者から与えられるであろうが、それは世界大戦と同様、いわゆる「戦勝国」や、それとともにその諸国民をユダヤ人の世界共和国もしくはローマ神権国家の経済集団に、世界大戦の「戦勝国」で［現在、］見られるように組み入れようという意図の下で再びなされる。オーストリアの将軍モンテクッコリ（Montecuculi）が以前述べたように、戦争遂行には確かに資金、そしてその次も資金、三度目にも資金がつき物である。フリードリヒ大王も自身の考察の中で兵力と財政の関連を何度も指摘しており、それもそのはずで、七年戦争はイギリスの財政支援があったからこそ行えた。戦争にとっての資金の重要性は、長い間確固として不変であった。しかし、我々の祖先は資金を持たずに戦争を行っており、それは国民に関する事柄であった。今日では、それは不可能である。だが、総力政治はまた戦争遂行と国民維持のために別の道、すなわちドイツ財政当局が一九一四年に動員の場合に向けて指示したこと以上の道を歩むことができる。

確固とした国民指導を行う国家ならばどの国家も、戦争遂行のために、国内で使用されうる限りその手段を動員することができると私は考えるが、その際国家は健全な財政管理の原則に違反してはならない。さもないと、危険をはらむ反動が生じてしまうことは軍にとっても避けられなくなる。外国からの購入、すなわち、外国から、国民への補給と戦争遂行のために商品が購入される必要がある場合、状況は根本的に異なっている。そこでは、［一国］内部の決済にとって有効な措置は通用しない。今日では、外貨がなければ外国からの商品は金によってのみ得ることができる。しかし、これは国内での貨幣価値にも最終的に影響を与えることになる。だがこれは、戦争時には甘受しなければならない。

世界大戦の始まりの際に、ドイツの発券銀行である帝国銀行は独立性を大幅に失った。［第一次世界大戦後の一九二四年に］ドーズ法によって以前よりも帝国銀行の国家に対する地位がより独立したものになったが、これ（第一次世界大戦時における、帝国銀行の独立性の後退を指す）は見習うべき出来事であり、それは注目に値する。総力政治は、国家主権の軍門に発券銀行が降ることを要求するのである。

金本位制通貨は多くの国家で経済的発展の障害である。金本位制通貨の原則、すなわち我々にとっては流通している紙幣の三分の一を金で裏付けることは、すでに世界大戦で放棄され、ドイツは今日では、裏付けとなる金をほとんど保有していない。世界資本主義者の陰謀によって諸国民は、裏付けをなんらかの形で国内に有するような国内通貨（例として、金ではなく国内の土地を価値の裏付けとして一九二三年にドイツで導入されたレンテンマルク［Rentenmark］が挙げられる）、もしくは特別な交換比率をもつ国内通貨を導入することを余儀なくされた。通貨に対して別の価値基準を取り決めるならば、諸国は対外交易でも金の縛りから自らを解放できるであろう。しかし、それは結局遠い未来のことである。だが、貨幣が「靴下の中」に消えうるならば（箪笥預金を指す）、国内通貨も何の役にも立たないであろう。国の通貨制度は、通貨が流通から消えてしまうことがない場合にのみ健全でありえる。例えば、現金なしでの取引を極めて広範に実施することは、財政技術的な側面から行われる限り――財政技術の重要性は低いものではない――国民の経済生活を維持する手段である。通貨および貨幣の形態は、国民の経済生活にとって、およびそれによって戦争遂行にとっても決定的な重要性を有している。戦争指導部は、総力戦の財政基盤が実際にどのような状態なのかについて確信をもっていなければならない。

32―33頁（本書では56―58頁に該当）で引用された文ではまた、「戦争のパニック」と全国民が進んで担う「物質的犠牲」について述べられている。それによって、国民の精神状態が経済的な領域での戦争遂行を担保するためにどれほど高い重要性を有しており、ここにおいてもある領域が再び別の領域にどのように干渉するのか、そして総力戦においてもいかにしてそれ以外の可能性が全くありえないのかが示唆されている。不安、すなわち「戦争のパニック」は、為替市場の早期の閉鎖や銀行・貯蓄銀行からの預金引き下ろしの規制のような措置によって、国家が全く別の通貨システム［の導入］を決定しない限り、緩和させることができる。しかし、「犠牲」［の負担］は統制できない。ただ、犠牲の代わりに強制が、強制的な債権［引き受け］が自発的な債権引き受けの代わりに生じてくるとすると、話は違うが。後者は、多くの当事者が調達しなければならない資金をそもそも一体どこからもってくるのかという問題を残したままにしている。しかし、ともかく以下のことは極めて明白である。総力戦の準備および実行のために不可避の結果として伴う財政措置が国民に極めて深く関係してくるが、それは、国民の安全のために命をささげることが当然で、資金の供出が極めて恥ずかしい事柄であると国民が教育されているほど、ますます当てはまることであり、そして国民が団結した運命共同体という感情を実際にもち、そしてそのようなものとして感情をもつことができる状況にあるほど、それだけ当てはまらないということである。国民の精神的団結性とまた総力戦についての国民の啓蒙度合いが、「不満分子」から暗躍の基盤を奪う際にどれほど重要であるのかがここでも極めて明白に表れる。だが他方で、以下のことを極めて誠実に実行するという要求が総力政治に対して生じてくるのである。すなわちそれは、国民によってその生存の維持のために差し出される資金が問題なく用いられ、なんら汚職の入り込むことがないようにするということや、自身は犠牲を払うことなく国民の生存維持に努めた、我が国民の中の戦債購入者が体験しなければならなかったように、自国住民への強奪行為が生じないようにするということである。世界大戦の経験は、国民の団結性が財政領域で機能し、損傷を被らないようにするために、どの現象を取り除くべきかについてはっきりと示している。

財務は、あらゆる生活必需品と軍用品を国民および陸軍へ供給することに深く関わってくる。陸軍が戦時に直接防衛しなければならないその領土において自ら食料品や飼料、天然資源を生み出せば生み出すほど、国民と陸軍そして総力戦の指導部にとって状況は一層改善され、総力政治にとって事態が容易になることはまず明らかである。しかし、どの国家もそのような幸運な状況にあるわけではない。国民と特に戦争指導部が必要とするものはあまりにも多様となっており、それは世界貿易によってのみ満たすことができる。この世界貿易が参戦国にとって戦時に中断されると、輸入も阻まれるために需要を完全に満たすことはもはや不可能となる。それゆえ、少なくとも戦時に自給自足を行うことができる分野ですでに平時において自給自足の域に達し、外国から購入しなければならない原料の在庫を比較的大規模に保有し、国民への食料供給と軍の戦争備品を少なくともいくらかは確保しておくことは強国の目指すところである。しかし、このためにも資金、それも非常に大量の資金が必要であり、それは厳しく不安定な財務形態と揺れ動く通貨状況においては民族の自由を犠牲にしてまで世界資本主義者の歓心を買った国のみ集めることができる。[10] それゆえ、国家の状況は個々に極めて異なる。それは、地理的な状況、すなわち中立国との国境、および海との位置関係に依る。したがって、諸国家が経済領域で国民の生存維持と戦争遂行のために取らなければならない準備措置はそれに応じて全く異なってくるのであり、

10　世界大戦ではアメリカの世界資本主義者は、我々に向けられた戦争を下支えするためおよび軍備目的のために、我々の敵国の政府に何十億マルクも提供し、それによって彼らの抵抗を可能にした。今日では、この世界資本主義者は、自分たちに資金を提供した者が資金の返済を受けるかを気にとめることすらない。しかしその代わりに、彼ら〈訳注・世界資本主義者を指す〉が資金を貸し付けた国の国民は彼らへの依存度をさらに深めていった。

その範囲においても異なるであろう。ある国家は、脅かされたとしても、その重要な部分において輸入を維持できると考えているならば、例えば戦時にあまり中立国との国境や海上を通しての輸入に頼れない国家よりも少ない物的準備で満足できるであろう。読者にともかくある特定のイメージをもってもらうために、私は世界大戦でのドイツ国民の経済補給について［以下で］論じてみたい。

後で述べることになるが、国民と陸軍に食料品、飼料、燃料を供給することがまた第一の問題であることは自明である。働き、戦えるようになるためには、人間はまず生きなければならない。馬や家畜は飼料によってのみ生き、機械は燃料によってのみ動く。

ドイツで、人への食料と、馬や家畜への飼料の供給が世界大戦中にどれほど深刻なまでに展開していったのかは、世界大戦を意識的に体験した世代にとっては記憶にまだ新しいであろう。少なくとも人間用の食料と可能であれば飼料についても必要量を確保しようとする努力を正しく評価するために、このことは記憶にできる限りしっかりととどめておかなければならない。例えば、後者（飼料のことを指す）の不足がどれほど深刻なものであったかは、私が東部で少なくとも胃袋を満たすことができるように馬用の飼料におがくずを混ぜさせなければならなかったことから理解できる。その際に、馬の体力と健康が低下したことは、その深刻な帰結であった。ルーマニアが我々へ宣戦布告した後、対ルーマニア戦をワラキアの獲得まで継続するという私の決意は、同盟国の困難な食料供給に関する状況を改善するという必要性に極めて本質的に縛られたものであった。

一九一八年にウクライナにまで東部戦場を拡大させた際には、それに相当する考えが必然的に関係していた。私は同盟国の食料供給状況――オーストリアのそれは我々のそれよりも一段と厳しいものであった――を恐らく著しく改善できたが、欠乏を取り除くまでにはいたらなかった。その欠乏は、当時生まれた、もしくは当時まだ幼少の年頃であったドイツ人に今日でも影響を及ぼし続けている。それゆえ私が、農業による自給が我々にとって必要であることを世界大戦後に繰り返し述べてきたことは驚きに値しない。これは不可侵の基本原則となったのである。

我々は、世界大戦前に年間一〇〇〇万トンをはるかに超える小麦の輸入超過を必要としていた。手元にある建白書によると、一八三万トンもの小麦の輸入超過が必要という計算［結果］が出ている。ドイツは飼料に関して、五分の二の需要しか間に合わせることができなかった。［その結果、］約八〇〇万トンの輸入が必要であった。おおよそ十分な量のライ麦、ジャガイモ、食肉はドイツで生産されていたが、それは我々の食料供給状況が当時外国にどれほど依存していたかを驚きをもって示す高い数字である。どの穀物や飼料の貯蔵も行われていなかったが、それは以下の諸事の理由からであった。それらは、まずは恐らく政府がこの極めて重大な問題について十分には考えをめぐらしていなかったということであり、次に政府が、戦争は短期間しか継続せず、在庫品――ともかく約一〇億マルク相当の在庫が焦点となっていた――の貯蔵のための資金がないという見解を根底にもっていたことであり、そして、積み上げられた在庫の刷新が、極めて多くの場合、私利追求にとって望ましくない価格均衡につながる可能性があることを恐らく心配していた農業・商業［業界］がそれに反対であったということであった。そのような食料供給状況と輸入の停滞においては、動員開始後すぐさま欠乏が生じることは当然避けられなかった。また、あらゆる関係者の極めて多大な努力にもかかわらず労働者や馬、肥料が欠如していたことによる不十分な耕作の結果、収穫が悪化したことから、窮状は人間、馬、家畜にとって深刻化せざるを得なかった。この点で今日の状況がことによっては世界大戦中のそれよりも良いかもしれないということは、陸軍の高度な自動車化――［それによって］陸軍が必要とする馬用飼料は、今や以前よりも少なくなった――と、また農耕向けに肥料用窒素を提供できる可能性［の登場］によってすでに現実となっている。当時私が推進したロイナ工場（Leunawerk）（弾薬および肥料の製造に必要であったアンモニア製造工場）は、総力戦での国民の力を維持するために極めて重要である。

それ以上に別の食料品や嗜好品、例えば野菜、えんどう豆、レンズマメ、米、コーヒー、お茶等、特にまた牛乳、卵、脂肪は戦争開始時に、国民と陸軍を長期的に養うには十分な量が存在していなかった。

当然のことだが、陸海軍行政は、平時および動員の場合にも備えて一定の食料と飼料の蓄えを平時から常に準備しており、最初の追加供給について手筈を整えていたため、軍は食料品を当初計画通り受け取っていた。何ヶ月もの攻勢に耐えることができるように、特別な食料供給が要塞についても計画上、予定されていた。同様に、世界大戦直前には比較的大規模な都市や産業中心地の補給にも特別な注意が払われていた。しかし、あまりに多くのことが実行に移されず、［戦争が始まると」驚きをもって状況認識がなされた。今や、パン配給券の配布といった正しい措置や有名な豚殺し（Schweinemord）（飼料不足を予期させる不正確な——多くの農家は徴発を恐れ、実際よりも低く在庫量の申告を行った——統計結果、および豚が消費してしまうジャガイモや穀物が、そこから得られる豚肉よりもはるかに多い栄養を人間に供給できるという単純計算から、一九一五年に大量の豚の解体が行われた。その結果として、長期的には豚肉供給が減少し、住民の食料事情を悪化させることになった）といった誤った措置が指示された。包囲下にある要塞の住民に行われることに類似するように、最終的には国民に対する広範な配給制にいたり、その際には体力の維持に必要なものを当然なんらかの形で可能な限り受け取らなくてはならない兵士と同量の配給を重労働者は受け取った。しかし、欠乏はここにおいても感じられ、さらにそれは幅広い国民層で当然より一層感じられたのであった。なぜならば、彼らは真の国民感情から、国家から与えられたものだけしか受け取らなかったからであった。他の者が異なった行動をとり、「国民」全体に害をなすことで利益を得たことは、国民の間での、極めて根深い不満の源となり、国民の団結性を損なうことになる。

食料供給に加えて、人間にとって生存の維持のために極めて重要な必需品として衣服がある。衣服を生産するための原材料との関連でいうと、生産量が比較的わずかな亜麻を除いて、特に羊毛と木綿に関して我々は完全に外国に依存している。軍用の衣服は一九一四年には用意ができ、ある程度の在庫もあり、同様に住民の衣服向け材料も自ずと生産現場と商店に存在していた。少なくともある程度の期間に関しては、個人の需要は満たされた。その上、繊維工場には三ヶ月分の羊毛と木綿の在庫があった。そのため、衣服の分野における戦争の影響は徐々にしか感じられなかった。輸入不足と前線での［軍の］制服の大きな需要のために、すぐにも衣服原料の重大な不足が、戦争勃発時にむしろその場の必要性に迫られて衣服を着用し予備の衣服を持ちあわせていなかった比較的貧しい労働者住民の間でまずは生じたことは避けられなかった。ここでも配給制が始まった。代替原料から羊毛と木綿を混ぜて衣服が作られていたが、その代替原料は、実際には十分なものと見なすことができず、消耗が速かった。羊毛と木綿に取って代わるステープルファイバー（スフ）は当時いずれにせよ、まだなかった。

靴や馬具などのための革の需要も銃後にある在庫では補いきれず、銃後で生産されることもなかった。革の大幅な輸入は平時には必要不可欠であった。革は「戦争が始まると」すぐに不足し、私が衣服について先ほど示唆したことと同様の対応がとられなければならなかった。

ここでも、衣服の問題についてそのようなものとして述べた内容で満足しておく。総力戦遂行にとって、衣服の問題は食料供給の問題と同様に極めて重要であるということは明白である。なぜならば常に、陸軍だけというのではなく国民もまた重要であり、すなわち、銃後の国民同胞よりも敵前にいる兵士に優先的な地位が認められなければならないとしても、兵士の維持ばかりではなく、銃後のドイツ人の維持も問題になっているからである。衣服の問題は国民の団結性と密接に関係する。衣服の欠乏は国民、特に具体的には衣服の消耗を大いに伴う肉体労働を行っている住民を直撃する。衣服の問題を事前に調整しておくことも、総力戦指導と総力政治にとって重大な問題である。天然資源の問題全体と同様、それは国内で生産されない限り国家の財政構築および経済全体と極めて密接な関係にある。平時における攻撃用陸軍部隊への必要な衣服の調達ですら、大規模な準備が必要である。平時および戦時在庫を民間の企業を巻き込むことで作りあげ、戦時にはその活動を何倍にも拡大することになった。軍の特別衣服課がドイツでは存在していた。政府は将来、食料供給と衣服の領域での極めて大規模な事前準備の際には、住民への配給制と受取切符の配布に乗り出すであろう。

あらゆる種類の軍用品の陸軍への配備は、経済が担う重大なさらなる任務であり、それによって一国の総力政治のそれでもある。技術的な補助手段にどのような重要性が認められるのかは後ほど述べるが、軍が武器、弾薬、あらゆる種類の軍用品、軍艦、戦車などを部分的には極めて大規模に必要としているということについて、疑いの余地は今日全くない。

あらゆる産業と同様、軍需産業の基礎は石炭と鉱石である。世界大戦以前には、我々はこの天然資源を十分な量保有していた。当時ドイツ帝国は、ロレーヌ（Lothringen）地方の鉱石産出［地域］をまだ含んでいた。後に言及することになる労働者問題が片付いた限りにおいて、我々は石炭の調達について心配する必要はなかった。鉄鉱石に関していえば、ドイツの溶鉱・製鉄所は一九一三年に四〇〇〇万トン加工しており、そのうち一一五〇万トンは外国由来のもので、それは部分的にはドイツのそれより良質で高い鉄含有率を誇っていた。しかし、高品質の鉄鉱石を有するスウェーデン北部への海路がとりわけ維持されていたため、我々は、戦時に鉄鉱石が不足することを心配する必要は決してなかった。その他の国からの輸入は、途絶えたとしても問題はなかった。軍需産業に必要な他の天然資源については事情が異なっていた。すでに挙げられた著作［『世界大戦　一九一四年から一九一八年まで――軍備と戦争経済』］は、最も重要な製鋼金属および必要なその他の補助金属について次のように述べている。

「ドイツの産業は、これらの金属の供給に関して外国からの輸入に著しく依存しており、外国由来の資源の助けがなければ、高品質のドイツ製鉄産業は極めて控えめな規模でしか発展していなかったであろう。必要とされた鉱石の量が少なかったとしても、それは鉄鋼や鉄の質、またはそれから作られた生産物の実用性にとっては重要、いや決定的であった。鉛と亜鉛に関してのみ、国内での産出量は、国内市場で販売される商品の生産のために緊急時には事足りていた。それに対して、ほとんどあらゆる産業で使われている軟金属、すなわち銅は平時の消費［量］の五分の一しか国内で産出されていなかった。いくつかの製鋼金属、タングステン鉱石、クロム、アンチモン、そして重要なニッケル、アルミニウム、錫は、自国の慎ましい［規模の］採掘を除けば、完全に外国から輸入されていた。そしてついには、ドイツ製鉄産業にとって最も重要な補助金属（マンガン鉱石）は完全に外国から購入されていた。ロシア、スペイン、ブラジルそしてインド諸国からの輸入がなくなれば、手痛い不足分が発生するのは避けられなかった」（国家史料館編『世界大戦　一九一四年から一九一八年まで――軍備と戦争経済』３８１頁より）

この叙述は本質的には、通常の平時経済の状態と平時における軍用品の準備に関連している。

例えば、製鋼金属と補助金属の不足から弾薬やモーターの製造に関して戦争の場合に生じる問題は容易にそこから読み取れる。例えば、鉄鋼と硬鋼が、銅のような軟金属と同様にあらゆる種類の砲および弾薬製造に必要不可欠であることは知られている。ユダヤ人であるパルブス・ヘルプハント（Parvus Helphand）（アレクサンダー・ヘルプハント〔Alexander Helphand〕という匿名で政治活動を行う。第一次世界大戦中、ロシアからの密輸入を手がける商社をコペンハーゲンに設立）が最終的に「コネ」を利用してコペンハーゲン経由でこの金属（銅を指す）を我々に供給していなければ、必要最低限の需要も満たすことはできなかったであろうが、その必要最低限の需要だけでも満たすために例えば、銅製品があらゆる家庭から回収された［ことに見られる］ように、さまざまな金属に関してどのような欠乏が軍需産業において生じたのかを我々は戦争体験からも知っている。そのパルブス・ヘルプハントは、社会主義の「重要人物」の友人として、インフレによるドイツ経済の破壊者となったのである。

軍用品の製造のために、軍は民間の軍需産業（クルップ、ライニッシェ金属製品機械工場、ゾーリンゲン・ズール等の武器工場、レーヴェ株式会社、マウザー）の他にシュパンダウ（Spandau）の弾薬工場、武器製造所、火薬工場などが利用できた。軍需産業の領域では活発な活動が行われた。準備されたものは良かったが、それは需要を十分に満たすものではなかった。火砲の弾薬在庫を増やすための私の戦いは実を結ばなかったが、それは陸軍へのあらゆる種類の技術的な補助手段の配備と一般兵役義務の実施への私の戦いと同様に、陸軍史の中で常に忘れられずにいるであろう。例えば、実際の弾薬需要を完全に見通してはいなかったが、私は来るべき戦争の本質について不明瞭な認識しかもちあわせていなかったわけではなかった。陸軍の責任者側で陸軍への技術的な補助手段の配備が十分には考慮されていなかったかのように描くことが今日では好まれるが、それは間違っている。残念ながら、確固として必要であることを実現できなかった原因は再三の財政的な憂慮であった。しばらくの間、政治の側から「裏付けなしには支出なし」（裏付けとは金本位制における金による紙幣の裏付けを指す）という文言が用いられた。政治はこの原則を世界大戦直前になってようやく破棄し、平時における軍用品の陸軍への配備の改善のためにも必要な財政手段をその他の措置によって準備することを決定したが、それは遅きに失した。今日では戦争体験が身近にある。各国の報道を見ると、軍需産業の活躍がわかり、また民間会社の配当金の高さもそれをよく物語っている。どの陸軍も、戦争技術による軍用品の洗練という点を完全に除いたとしても、これまで体験したことがないような形で、軍備を携えて戦争に突入することは確実と想定できる。そのような軍備を行っている国家の間ではその点で、軍需産業をゼロから立ち上げなければならない、ドイツのような国はひとまず有利とはいえない。ドイツはヴェルサイユ条約で破壊されたものを改めて生産しなければならないだけでなく、それに加えて軍需産業を築き上げていかなければならない。しかし、この軍需産業は、一朝一夕に創出することができない、不可欠な熟練労働者層をもって初めて機能する。動員の場合には、それまで軍用品を生産していなかった産業も、例えば信管生産のためのなんらかの特殊製品の供給を通してのみであっても、軍需産業に協力しなければならない。総力戦では、それ以上考えられない程大きな規模での［軍］用品の補充、弾薬や軍用品の新調と修理が重要となる。世界大戦の最初の二年の間、それは考慮されなかった。その結果が、多くの軍部隊で見られた、精神的な力の憂慮すべき弱体化と、国民の間での噂の流布であった。多くの力が無駄となった。私は一九一六年八月二九日に最高軍司令部（Oberste Heeresleitung）に入ったときに初めて、対策を講じた。銃後では極めて広い範囲で陸軍のための労働が行われていたが、もちろんこの労働は何週間も後になって初めてその効果を表しえた。あらゆる戦争と同様に来るべき戦争でも、より多くの人的力が要求されればされるほど、軍用品への要求が響き渡るであろう。すなわちその要求とは、天然資源や労働力が軍需品の生産のために使用可能であり、当然また、もし必要かつ可能であれば、天然資源や直接軍用品を平時および戦時に外国から購入するために金や外貨も使えるときにのみ聞き入れられるであろう要求である。[11]

金属加工関連の軍需産業と並んで特別な地位を占めているのは、化学産業である。火薬、爆発物、燃料生産と医療品の生産がその領域に含まれる。毒ガスが戦闘手段となったとき、その重要性はさらに高まった。この点は、毒ガス戦争を防止するという大方全く誠実とはいえない願望によってなんら変わることはない。世界大戦では、ドイツの化学産業はあらゆる天然資源において外国から自立していたわけではなかった。しかし、ドイツ化学産業は陸軍の需要を満たし、前代未聞のことを成し遂げた。それと並んで、肥料や、それと同様にわずかな量でしかなかったが運

11　アメリカの世界資本主義者は、何十億の資金の他にまた、直接的に軍用品を我々の敵諸国に譲り渡した。

搬用車両のための人工ゴム、特に運搬用車両の燃料としてベンゼンを供給していた。それによって、燃料の一般的な逼迫が大幅に緩和されたのであった。

陸海軍への燃料の補給は、世界大戦中、私の大きな心配事となっていた。燃料はいたるところで欠如していた。その調達が、食料品の調達と並んで、ワラキア占領の一つの目的になった。ルーマニアの石油施設は破壊されていたにもかかわらず、ルーマニアの占領によって軽車両と航空機用の燃料の著しい不足分の一部は最終的に確保されたが、必要とされる量は上昇傾向にあって［なお］多く、一九一八年に南コーカサスに向かうことをまた強いられた。世界大戦後は、陸軍の継続的な自動車化、恐らく今ではすべての軍艦での石油燃焼［機関］の導入、そして空軍の拡充の結果、燃料と潤滑油の需要が異例なほどの水準になっており、その帰結として、この地球の石油地域の支配とその利用が、アメリカ、イギリス、ロシア、それらの国の背後にいるユダヤ人やローマ［教会］の世界資本主義者の世界政治の一部を占めるようになった。燃料の供給は、すべての国家の戦争遂行にとって確固として必要不可欠なものである。その国が天然資源や化学的な方法で生み出すものが少なく、戦時の輸入が見込めないほどますます、当然のことながらその必要性に対応しなければならない。金と外貨に関する国家財政の状態は、ここでも［通貨価値の］裏付けの問題にとって決定的に重要であろう。

戦争遂行にとって重要であり、かつ世界大戦で重要であった個々の天然資源をすべて挙げることはできない。私は戦争録回顧録の中で、この領域においても重要な戦争体験を書きとめた。ここでは木材とセメントについてのみ言及しておきたい。両者ともに陣地構築にとって極めて重要であり、坑道用木材は加えて鉱業にとって極めて重要である。［そのため、］私は、クールラント、リトアニア、ベラルーシとポーランド東部の一部を含む東部最高司令官（Oberbefehlshaber Ost）占領地域から大規模に坑道用木材を運び出した。

占領地域ではまず、西部占領地域ではできなかった、現地住民の扶養が必要であった。その結果、アメリカが食料を提供することになり、その際に、供給業者はその機会を利用して極めてうまくお金を稼いだ。しかしその他の点では、占領地域は軍備の全領域に資するように、あらゆる類の天然資源の調達のために極めて大規模に利用された。総力戦ではすべての占領地に類似の要求がなされるであろう。

農業、工業、さらに多くの経済領域が国民と陸軍の需要確保のために果たさなければならなかった重大な任務は、銃後の経済活動を支え、さもなければ国家によって対価なしに扶養されなければならなかった何百万もの労働者に、精神的な充足、給料と生活の可能性を与えた。農業、工業とそれらに投入された国民の労働力が、その功績によって戦争遂行を支えたとしても、それは他方で、その大部分が戦争のために活用でき、そのため陸軍にとっては失われることになる数百万の労働者を要求することになった。国内での交通［機関］および前線へのそれも維持される必要があり、大規模な部隊の鉄道移送が常に実行可能である必要があったことから、陸軍で活用できなかった軍役可能なドイツ人の数はさらに増えることになった。私はこの問題にも、常に総力戦指導部が注意を払う必要があるのと同様、最大限の注意を払う必要があった。［前線からの送還が］何度も要求された個々の専門工はいうまでもなく、私は、必要な規模の石炭採掘のために何万人もの労働者を前線から銃後に送還しなければならなかったことを特殊事例として挙げたい。労働力の銃後へのこの送還は危険な手段であることが明らかになった。それによって、広範な労働者層がますます扇動されることと並んで、彼らがいわば「遅々と」働き、それによって彼らの労働生産力が著しく低下するまでになった。労働生産量はさらに減少し、より多くの労働力を求める声は引き続き聞かれることになった。労働短縮に対して直接干渉する役所は、「不満分子」の首謀者を戦場に送ることしかできず、それは陸軍の精神力を著しく低下させることを助長することになった。まさしくここにおいて、国民の精神的団結性および適切な抵抗力が存在しないことが明確になり、それはアドホックには、すなわち容易には全く取り除けない状況であった。自身は戦争で自らの命を賭しているにもかかわらず、わずかな給料のために家族を養えず、国家によって支払われる家族手当も、銃後の労働者が家族に渡すことのできるものより劣っている一方で、労働者が平時にどれほどよい待遇を受け、家族を養うことができるのかということを前線で聞かされたときに、この弊害はさらに深刻となった。男女の一般労働義務を目指す中で、私はこの点で均衡を生み出すことも望んでいた。［しかし、］それは達成されなかった。私の努力はそれどころか政治によって、実際に弊害が拡大し、当然ともいえる不満が増大する形で捻じ曲げられた。労働者が兵士の戦友ではなく、兵士が自らの命を国民の維持のために賭していたのとは異なって自らの労働力を国民のために供さず、利己的で政治的でもあった目的を追求し、国民と陸軍の窮状をそのために利用したことは甚大な作用を及ぼした。この事実以上に、ドイツ国民の団結性の欠如を明白に表現しているものはない。しかし労働者もまた、窮状から利益を得て、自分の懐を豊かにしようとした他の国民大部分と結局違うように思考をめぐらせたわけではなかった。経済は血の通ったものである。それは力の与奪の能力があり、世界大戦では［与奪］両者とも［その現象が］見られた。

戦時には、生活用品および飼料、原材料の調達を調整するために、そのような連盟や組織にしばしばあるように、その目標をはるかに超え、あらゆる自立した行動を排除してしまう、集権化を強力に推し進める組織が作られた。ここで生まれた統制経済は一部で、［統制経済が］どのように実行されるべきであり、しかし大部分で、どのようになされるべきではないかを示していた。指導は必要であるが、官僚主義（Bürokratismus）と図式主義（Schematismus）は放棄されるべきである。ユダヤ人ヴァルター・ラーテナウ（Walter Rathenau）によって創り出された中央集権制はさらにまた、すでに世界大戦前にユダヤ人やローマ［教会］の世界資本の手に移りつつあったドイツ経済を完全に譲り渡すという目的をもっていた。これは、世界大戦中および戦後に著しい規模で成功をおさめることになった。この中央集権制はあらゆる人から労働の喜びと自己責任を奪い、それに応じて阻害的に働いた。国民の団結性もまた購買協同組合の行動によって強くなることはなかった。その行動と措置は、不満の増大や、また両者ともそれによっては決して許されるべきではない買いだめや闇取引への契機にもなった。食料品販売店の前に国民同胞が何時間も「長蛇の列に並ぶ」ことは、「不満分子」に対して格好の活動機会を与えた。経済への対処［方法］は、国民の精神状態に深く作用する。経済への対応は、入念に、そして極めて厳格な正義感をもって行われなければならず、それも、その必要性について継続的に啓蒙しながら行われなければならない。これが行われず、不誠実と腐敗がそのような統制経済の合法性への信頼を揺るがし始め、この統制経済がその阻害的要素のために、自立した全労働者によってそれ自体拒否されざるを得ないとすれば、それは残念なことである。

前記で私は回顧も交えながら、総力戦における一国の経済の重要性について概略的に描き、それによって、総力政治が、ここでも戦争指導に資するためにどのような極めて困難な課題を戦時および平時に解決しなければならないかということを確認した。私は「国民の精神的団結性――総力戦の基礎」と「軍と経済」（「経済と総力戦」の間違い）の両章で二つの分割された領域を扱ったが、しかしまた、どれほど深く両者が絡まり合い、そして総力戦の指導が両者に依存しているかを示した。クラウゼヴィッツは国民の団結性の必要性と同様に、戦争にとって経済状況がもつ重要性をその教義『戦争論』の中でわずかしか触れていない。偉大なる戦争理論家である将軍フォン・シュリーフェン伯爵もそれを真剣には取り扱わなかった。国民の団結性とその経済が戦争指導自体に対してもつ重要性については、世界大戦の中で、そして主にその長期性によってようやく明確に認識された。今日、この否応なく差し迫る事実の意味について、各国の政治や戦争指導部においてどの程度明確に認識されているかは、このまま触れずにおくしかない。もしかすると、大多数の国家は国民の団結性という問題になすすべもなく向き合っているのかもしれない。そのような国家は、人間の精神や国民の精神に対して何をすればよいか全くわかっていない。国民と軍への食料供給の問題は、機械的で組織的な措置でよりうまく解決しようと試みられるであろうが、その場合には厳しい現実がしばしば強力な妨害を伴って立ちはだかるであろう。

軍の強さと本質

前述のことから生じるように、総力戦指導部は、始まった戦争をできる限り早く終わらせることを目指すことであろう。それは、国民の団結性が消失することであったり、国民と戦争指導部が長期の戦争で当然たちまち苦しむような経済的困難であったりすることによって、戦争の結末を危険にさらさないためである。これは当然、戦争開始時に当初より全国民の力が、十分に訓練・武装・組織された軍の中で戦争指導部に供され、多くのことが後になって挽回できないということを前提としている。

どの決定機とも同じように、最初の決定機において、軍の戦争能力や戦力はできる限り高くなくてはならない。勝利はとにかく「強力な大隊の側」にある。これは戦争の古い経験［則］であり、失敗だけを実際には期待できない敵の措置が将帥の意志に対峙するのと同じく、将帥の意志が常には発揮されないようにしてしまう、戦争指導上の摩擦を考慮している。「非力な大隊」もまた勝利することがあった。しかし結局は、我々の敵がもつ数的優位が初めから世界大戦の流れに決定的に影響を及ぼした。数は、戦争では当然しばしば決定的な重要性をもっている。これを忘れ、その窮状から美徳を作り出すことは間違っている。数の重要性は極めて明確に認識するべきであり、そして――フランスは、国家が意識的に総力的な戦争指導のために資するとき、国家が何をできるのかを世界大戦より前に示していた。ドイツ国民が自己に向けて罪を犯し、私の要請にもかかわらず一般兵役義務［制］が実施されず、兵役可と判断された男性の五四パーセントしか召集をかけず、その結果として戦争当初においては、兵役可能な五五〇万の男性が訓練を受けておらず、さらに訓練を受けた六〇万の男性兵士が兵役に召集されていなかったということは、恐らく今になって徐々に知られるようになってきたであろう。この怠慢は戦争の経過の中でもはや挽回できなかった。一九一四年九月に四個軍団を新たに、そして更なる四個軍団を一九一四／一五年の変わり目に編制したことや、絶え間なく再編制を行ったことは喫緊に必要となっていた措置であったが、それは戦力の逐次投入にしか結びつかなかった。さらに八個軍団が戦争の当初に存在していれば、勝利は保証されていたであろう。イギリスの状況も同様であった。イギリスは、世界大戦前には現在と同様に一般兵役義務［制］をもっておらず、世界大戦中に導入を余儀なくされた。それゆえ、ドイツ最高軍司令部が八月および九月に西部で決定的な勝利をおさめることができていたならば、イギリスの一般兵役義務［制］導入は遅きに失していたであろう。総力戦のために国民の全軍事力を平時に準備しておき、それを総力戦の開始時に投入することは、国民の生存維持をめぐる闘争のためにはとにかく拒むことのできない要求である。それは総力戦の本質の奥深くに根拠を有している。

総力戦では、およそ二〇歳以上の兵役可能な男性を軍に入隊させ、訓練された兵員を年齢の上限にいたるまで軍のために待機させておき[12]、戦争に投入可能な部隊や補充部隊に彼らを組み入れることが要求される。さらに、数多くの平時および戦時におけるいわゆる「不可欠な人員（Unabkömmliche）」が軍から引き抜かれるであろう。私は彼らについてすでに語ったが、国民と軍は生活を営み、物資の供給を受けたいと望んでおり、そして国家行政も継続して行われる必要がある。

世界大戦以前には主要な軍事国家において、二年または三年の兵役期間が導入されていた。兵士を戦争準備が整うまで訓練し、それも、敵に対して使用することが比較的高い年齢層であっても全く可能であるように、兵士が習ったことを予備役や郷土防衛軍（Landwehr）での後の訓練における定着過程で体得するほど戦争準備が整うまで訓練するためには、これ（二年または三年の兵役期間を指す）は十分であった。兵役期間がそれより短い場合、どれほどそれが保証されるのかについては触れないでおく。今日、兵士が使える武器や技術的な補助手段が完成され、また洗練されたことによって訓

12　個々の国家は戦争に投入できるかどうかを判断するに際してさまざまな要求を出している。例えば、ドイツはフランスより高い要求を課していたが、それにもかかわらず、ドイツは、それぞれの年次の中で戦兵役可と判断された人員の五四パーセントしか召集しなかったのに対して、フランスは、八二パーセントを召集していた。ユダヤ人の血を引いたものが北方民族の軍に含まれたり、「有色人」の部隊が「白色人種の国民」の軍に帰属したりということがないことと同様に、ある国の軍に異人種が所属することはない。彼らは、ここでは自国民の生存をかけた闘争を行っているわけではない。

練は簡単になったわけではない。それを使いこなすことは、比較的高い年齢層では若干危機にさらされているように思われる。これは重要である。平時に存在している部隊だけでなく、予備役や郷土防衛軍に相当する年次から構成されている部隊も戦時には軍を構成する［のであるから］。

肉体と意志の鍛錬を伴った、戦争準備に向けた良質な訓練や、部隊の良質な戦争向けの装備が、部隊の価値を上げ、安心と優越感を与える。ただし、それには国民の生存維持への闘争意志が前提となっている。すべての国家が以前にも増して戦争準備に向けた訓練と十分な軍備を目指しているが、総力戦指導部は他より勝った訓練を慎重に［ではあるが］計算に入れることができる。一九一四年の戦争開始当初、我々の陸軍、特に重砲兵科の訓練と装備は優れていた。いくらかの点では当然のことながら改善の余地があったが、とりわけ弾薬が欠けていた。しかし、これらはどれも最初の大規模な会戦ではまだ阻害要因としては現れていなかった。ドイツ最高軍司令部は、著しく重大な状況の中でも、優秀な軍勢をもって西部において、いわば一気にフランス陸軍を叩いて同陸軍の意志を挫き、それによってフランス国民の意志を挫くことを考えていた。それゆえ、この目的のために計画通りに動員されていた補充部隊の一部を［開戦］当初の勝敗の決定に初めから投入したことに関して、ドイツ最高軍司令部には一片の間違いもなかった。これは、決定打を欠いたことをうけて始まった長期戦の中で、決定機にすでに投入されていた補充［部隊］がすぐに足りなくなり始めたために、非難の的となった。補充部隊の助けで戦争の勝利が得られていたならば、そのような非難は決して出てこなかったであろう。最高軍司令部による西部戦線での計画が失敗し、しかも部隊ではなく、指導部に由来する原因のために失敗したことは、極めて重大な事実であった。それをここで挙げることは、大きく脱線することになるであろう。訓練の点で敵よりも優位にあったドイツ陸軍が勝利を得ることはなかった。戦争は長期化し、それによって、今やすべての国家は平時にひどく怠っていたものを挽回するよう強いられるようになった。ドイツ陸軍の訓練［の水準］と、力の限り訓練を促進した他の陸軍のそれとの差は、今やますます縮まった。数週間、数ヶ月の訓練で戦争準備が整うように兵士を教育し、敵に対する優越感を彼らに与えることは、我々にはできなかった。［兵員］数が先鋭な形で［戦闘の帰結に対して］決定的になってきた。同時に、ドイツ陸軍内部で弾薬とその他の軍備の不足が目立つようになった。その不足は、全世界の軍需産業を利用できた敵側では、我々の側に比べて容易に埋め合わせることが可能であった。それによって敵方では、ますます数的および軍備の優位をうまく利用することができた。それは、塹壕（ざんごう）戦の中で私が同等のドイツ側部隊に与えることができたよりも、敵がより頻繁に同一の部隊に休息を与えることができたことにまず表れた。そのドイツ側部隊は前線にいる間、極めて強烈な敵方の砲火にさらされてさえいた。そのために、数で劣る我々の部隊の戦力は、敵方のそれよりもより消耗を強いられることになった。

軍の中には、太古の時代から技術と並んで自らの力を備えた戦士としての人間がいる。剣、盾、弓矢、戦闘車両、投石器、石からなる防護壁は、結局は「技術的な補助手段」である。それは変わることなく、［戦争］手段――攻撃・防御手段――はますます完成度を高め、兵士やその戦闘兵器の移動のためにまた鉄道、自動車、軍艦、航空機が必要とされている。他のものもまだ連ねる、これらの「技術的な」補助手段なくしては、軍とその運用は全く考えられない。

そのために、世界大戦でも軍には兵士のほかに、戦闘・移動手段として極めて大きな口径および数多くの弾薬を備え、何キロメートルにもわたる射程をもつ砲から、兵士が至近距離から投げる手榴弾にいたるありとあらゆる種類の軍用品の形で技術的な補助手段が存在した。鉄道に加えて自動車が登場した。装甲艦が海を航行し、潜水艦が水中を移動し、航空機が空を飛んだ。しかし、世界大戦以前には、世界大戦中や今日のように、まだ戦争技術は完成していなかった。戦争技術の重要性は世界大戦中に自然と明らかになり、しかもその重要性は、戦争が長引けば長引くほど明確になっていった。敵を強力な火力で殲滅し自らの力を温存しようとする努力は、部隊にさらなる装備を与えることを促した。そのようにして、軽機関銃に加えて重機関銃が現れた。さまざまな口径の迫撃砲が生み出され、自動式拳銃が作られ、大砲はさまざまな口径に合わせて「作られることで」増え、ますます多くの弾薬を製造することを余儀なくされた。そして、機関銃と軽カノン砲を備えた装甲車両が戦闘に投入され、自動車と二輪自動車が小規模の部隊移動のためにますます使われるようになり、さまざまな種類の航空機がその戦闘目的に応じて作られ、それらから投下されることになる爆弾、爆破物、発火物がますます完成された方法で製造された。人間は一層背後に退いていくように思われた。私自身、最高軍司令部に入った瞬間から、最前線で人間が「機械」によってできる限り代替されるように努め、すなわち、例えば私は極めて多数の機関銃を投入することで火力を高めた。それによって、単に小銃を装備していた歩兵を戦闘の最前線から引き揚げることができた。弾薬を大量に作らせ、敵の殲滅と同時に自身の温存のためにそれを戦闘部隊に提供した。その点で敵はすでに先を行っており、世界大戦という物量戦に向けて怠っていたことを取り戻すことが喫緊に必要となっていた。[13] しかし、技術的な補助手段を使う必要のある主体は結局、常に人であった。技術と人の両者、むしろ人と技術が陸軍の力を構成している。しかし、人は常に最も重要であり続ける。命のかよわない物質に運搬される人間が、命のかよわない物質を敵に近づけ、それに敵を破壊する力を授ける。

世界大戦で「技術が技術に対して」使用されたように、攻撃用の技術的手段に防御用の技術的手段で対抗することはこれまで常に成功してきた。軍艦の装甲化は、この装甲を破壊する大砲と弾を製造することにつながった。軍艦の「移動」速度の増大と、それと関連した、高速で自走しながら高速移動中の敵軍艦に命中させるという難しさは、機械的に調整された完成度の高い測定・照準器の製造につながった。他の領域でも同じことが言えた。戦車に対して軽砲やより大口径の機関銃が、航空機に対しては極めて優れた照準装置を同様に備えた対空砲や射程の長い投光器が

13　私が最高軍司令部に来たときには、ドイツ陸軍の軍用品に関して状況は悪化していた。迫撃砲、機関銃、弾薬は極めて大量に不足していた。並々ならぬことを成し遂げる必要があり、それは「実際」成し遂げられた。しかし、それまでに多くの人的労力が無駄に費やされ、「それまでの」大きな損失はやむを得ないものとして甘受された。

製造された。技術的な補助手段を相互に競わせることで、次第に攻撃手段と防御手段は均衡するようになり、または自動車化された隊列に対して、例えばあらゆる種類の遮断物や障害物で対抗したように、それらに対抗するために工夫がなされた。

それは、技術的な補助手段の新たな発明が、まずは戦争の帰結に対して大きな意味をもつ可能性を排除しないが、それにもかかわらず兵士自らがヨーロッパの戦争では常に最前線に位置しているであろう。優れた技術を備えた部隊がほとんど小銃や弾薬をもっていない種族に対して戦う植民地戦争は、別の像を映し出すかもしれない。兵役可能な人員を戦争遂行に差し出すことがあらゆる総力政治の義務であるのと同様に、部隊の装備を最高の状態に保ち、その際にあらゆる技術的な補助手段を敵に対する勝利、自身の部隊の温存、そして自国住民の保護のためにすでに平時において戦争指導に供することも総力政治の義務である。戦時に技術的な補助手段を製造することは時間を要し、戦争に使えなくなった軍用品の修理も同様に時間がかかる。ここに技術的な装備の弱点がある。その弱点は、軍用品の生産および修理のために包括的な措置を平時にとっておくことで緩和できる。しかし、訓練の難しさがまだある。技術的手段による幅広い支援の下で戦うことに慣れている兵士は、戦争の進行の中でますます軍用品なくしてはやっていけなくなる。[14]

14　例えば、何百万の兵士からなる陸軍が軍用品をどれ程の量、必要としているかは、何も考えずに生きている多くの者にとって理解するのが難しい。ドイツ陸軍行政部（Heeresverwaltung）は、一九一四年、不十分な準備しか施されていない部隊に装備を与えるため、一八七〇年直後に築かれた蓄えに手をつけなければならなかっ法外な物量の投入、完成度が高く高速に発射されるあらゆる種類の携行武器、機関銃、迫撃砲による膨大な量の弾薬の投入は、陸上ではこれまでなかった規模で、敵の砲撃範囲内や戦闘の最前線での部隊の分散と、そしてそれとともに、そこでの兵士の孤立化につながった。若年将校として私は、隊伍を組んだ大隊が最終決戦のために投入される——それはすでに当時においてもほとんど実戦的ではなかったけれども——様をいまだに練兵場で体験した。今日の陸上戦では、個々の兵士は誰の助けも借りず、極めて激しい敵砲火の中や、それによって極めて重大な生命の危険に身をおきながら勝利を奪い取り、そのために数多くの不安なときにも自己の生存維持への意志を抑えつけ、最終的に勇敢に守り続ける敵を手榴弾や銃剣で乗り越えていく必要がある。それは、総力戦が個々の戦士に突きつける並外れた要求である。それをより明確にするために、私は、困難な戦い——そこで、ドイツ人兵士は独力で国民の生存維持のために塹壕戦の中を戦わなければならなかった——について『大戦回想録』のなかで書き記した文章を挙げておく。しかし、それは他のあらゆる戦闘行為にもあてはまる。なぜならば、どのような戦闘行為においても将来には武器や弾薬が似たように投入されるからである。

「(一九一七年)十月二二日をもって、フランドル(Flandern)での心を打つドラマの第五幕

た。敵が我々から世界大戦後に兵器を奪ってしまったことは良いことであり、我々は新式兵器しか持っていないと今日ささやかれるとすれば、それは国民を恥知らずにも欺くことである。

が始まった。戦争前には人間の理性にとって考えも及ばなかったほどのとてつもない量の弾薬が、人間の肉体に向かって投げつけられ、その肉体は深くまで泥となった砲弾跡に散らばりながら命をかろうじてつないでいた。それは、ヴェルダン（Verdun）の砲弾跡の恐ろしさをしのいだ。それは、生きることではなく、なんとも言いようのない苦しみであった。泥の世界から攻撃者は転がりながらゆっくりと、しかし絶え間なく、そして密集した集団で迫ってきた。前地（Vorfeld）であられのように降り注ぐ我々の弾丸にさらされ、攻撃者はしばしば壊滅し、砲弾跡にいる孤独な男はほっと息をついた。その後、集団が押し寄せて来た。小銃や機関銃は泥だらけであった。男と男の戦いがそこにあった」（『大戦回想録』391―392頁より）

総力戦でのそのような戦いの本質において、［今や］必要となった自主的行動の際に、これまでまだ必要とされていなかった精神的な頑強さが戦闘者に求められる。私が陸軍をまずは生きながらえさせ、戦闘能力を維持させるために、最高軍司令部への参加後に、技術の強化と結びつけて陸軍に新たな分散陣形を指示したときに、それは一九一七年にみごとに有効性を示し、部隊が精神的な拠り所を失い始めた一九一八年には反撃につながった。敵戦車はひとまず我々の兵士にとっては恐ろしいものではなくなった。彼らは戦車を殲滅した。革命化と極めて強烈な直接的消耗の結果、精神的な気力が衰え始めたときにそれは変化した。そのとき、［敵］戦車は重大な危険へと変わり、それまで手の届かなかった成功を勝ち得たのである。

私は前記で、その特別な訴求力ゆえに歩兵戦闘の例を取り上げた。軍の他のあらゆる兵科に関しても、兵士は命を賭した上で、殲滅を目指して敵を攻撃したり、特殊任務の遂行を通してなんとかこれに貢献したりするという自身の重大な義務を、敵による兵器使用の効果の中、自発的な行動と自らの精神的な力に頼りつつ、戦闘や敵前において果たすのである。しばしば複雑な戦争機械を敵による砲火の下で使用するためには、強い精神が必要となる。例えば、機関銃の装填不良を、恐ろしいほどの敵砲火の下で極めて冷静に解消すること、すなわち、それを再び継続的に使用可能な状態にすることや、艦隊戦闘や装甲を破壊する榴弾が降り注ぎ、毒ガスが広がるなか燃え上がる軍艦上で、砲の操作に属するあらゆる手さばきを慎重に実行することは容易なことではない。

総力戦と、さもなければ（人による操作がなされない場合にはという意味）命のかよわない物質にすぎないその技術的な補助手段は、兵士に前代未聞の要求を突きつける。これはいくら強調しても強調しきれない。それはすなわち、訓練の強化だけではなく、とりわけ精神の強靭（きょうじん）化を通しての規律強化を前提とする。それについて私は、連隊長であった時代からの『大戦回想録』の中で次のように書いている。

「規律によって強固になった部隊では、自発的で責任を進んで受け入れる兵士を教育することが私にとって重要であった。規律は［兵士の］性格を圧し殺すのではなく、それを強化するべきである。規律は、自分のことに考えをめぐらすことを背後に押しやり、唯一の目標に

向かって皆の均等な労働を生み出すべきである。この目標とは勝利である」（『大戦回想録』22頁より）

自身の命が危機にさらされている場合、すなわち自己保存の意志に対する戦いの中で多くのことを「機械的に」行うようになる――ここでは私はこう述べておく――ほど定着するまで訓練を行うことが、規律を身につける中で戦士に求められており、戦争指導部はその「機械的な」動作を行える戦争技術を、敵を殲滅するために、さらに、引き続き兵士の命がその際に極めて重大な危険にさらされることになる行動をとるために、兵士に徹底して要求しなければならない。密集した集団の中に自らを置いた兵士は、集団に導かれ、いわば集団の目が自身に向けられ、その中で守られ、それによって支えられているように感じ、集団によって精神的な拠り所も与えられる。彼は、この集団の一員として集団心理の下で行動する。孤独で、自分しか頼れず、誰もいない戦場で自らの任務を果たさなければならない兵士は、全く異なった状況にある。彼には頼りになるものがなく、自身の中にある自己保存の意志を自ら克服する精神力をもたなければならない。その際には、規律が彼の助けとなる。しかし、規律は「直立不動の姿勢」や、戦争準備を整える訓練の中にのみあるわけではない。平時にはそれらはともに、臆病者やさらに「不満分子」も実行でき、彼らは欺くためにおそらくそれを比較的頻繁に見せたことであろう。規律は、総力戦がもたらすような戦いの緊張の中で尋常でない苦労を耐え忍ぶ際に、粘り強く持ちこたえ、勇敢で物怖じせず、ともすれば英雄的な行動をとるように精神を強化し、教育することでもある。規律は、人種や民族の認識、国民と郷土への愛、両者（国民と郷土を指す）と断ち切れない形で結びつき、それらに自らの根源があるという感覚、国民精神の発露、自身のはかない命を永遠の国民のそれに捧げなければならないという理解、これらに拠って立つ必要がある。我々の人種的遺伝資質がもつ精神的な性質は、自発性、すなわち自立的な行動を要求し、ドイツの宗教認識は国民維持のための極めて重大な義務を個々人に課す。人種的遺伝資質とそれに固有の宗教体験や宗教認識を考慮することは、まさしく戦闘において兵士に課される要求に対応しており、それは破壊できないほどの堅牢さを部隊に授ける真の規律の基礎をなす。宣誓ではなく規律が軍をつなぎとめている。一九一八年十一月九日、十日のドイツ軍内の出来事（十一月九日、ルーデンドルフの後任の参謀次長ヴィルヘルム・グレーナー〔Wilhelm Groener〕は、皇帝に退位を迫り、革命の鎮圧を拒絶した。翌日には、グレーナーは革命政府へ協力を約束することになる）によって、宣誓の価値［の無意味さ］と、軍に全く別の拠り所を与える必要性について疑う余地はなくなった。ドイツの宗教認識は、生存のすべての領域で建設的な影響を及ぼす。国民の団結性と規律――両者とも総力戦で要求される――は、ドイツの宗教認識という土台の上に立っている。戦争の中で私は以下のことを記していた。

精神が勝利を生み出すと。

あらゆる国で軍、訓練、装備についての同様な配慮が認識される今日、私は以下のことを書く。

強靭な精神が当然強靭な肉体の下、勝利をもたらす。ドイツの宗教認識は、強い精神を授け、肉体を護ると。

軍事教育は、人種的遺伝資質の特徴を考慮しなければならず、国民の精神を覚醒した状態に保たなければならない。軍事教育は、父母と学校が始めたことを継続できなければならない。父母と学校が自らの義務を果たしたならば、兵士の民族教育はまさに自ずと行われる。そのときに、人種的遺伝資質、その精神的な特徴、不死の国民が有する国民精神、そして自身や国民に対して個々人がもつ責務といったことについて明確となる。今日では、そのような教育は大部分の国家においてまだ見当たらない。したがって、多くの国家は特定の集団軍事訓練を青年男性に施そうとしている。彼らがそれをすることを願っている。青年にそもそも共通の国民共同体の感情を与え、彼らに国民と国家への義務を知らせるために、これがキリスト教によって切り裂かれた国民にとって適切であることも願っている。肉体とともに精神も健康で力強く、自由な発展の上に立ち、国民と国家に根を下ろし、自らの人種の欠点と同様に自国民の敵を知る――これらすべてはドイツの宗教認識が必然的に要求することである――若者は、それまで飼いならされ、すなわち集団の中で画一化され、人格を奪われた青年よりも、兵役を立派に果たすであろう。彼ら（前者のタイプの若者を指す）は、そのような青年（後者のタイプの若者を指す）の構成員よりも必要な自立的行動をとる能力を備えている。元来もっているものを犠牲にしてまで彼らを青年期に軍事的観点から形成しようとする試みは、あまり実用的ではないであろう。それは、さまざまな場合に応じて機械的なことを習得することが彼らにとって比較的難しいとすれば、意味をなさない。精神的な強さによって優れたことが適時成し遂げられるのである。

若い兵士の中にある国民の感情を強化することが旧陸軍の中でいかにして怠られたかを今日考

えると、そして、どのようにして兵役期間後に予備役兵と国民軍（Landsturm）兵が、なんら民族的反対行動をとることなく非国民的［活動］分子による浸食作用に委ねられたかや、さらにどのような不適切な手段をもって世界大戦の中で愛国教育を行う努力がなされたかを考えると、生活と健康を脅かした前代未聞の困窮、極めて大変な苦労、止むことを知らない戦い、それらの中で「不満分子」の誘いにあれほど長い間耐えるために、国民精神がどのようにドイツ人兵士の中で作用していたかについてはただ驚くほかない。ドイツ兵、そもそもドイツ人男性において、己の命を投じて永久の国民の生存を保障するという深遠な感情を保つことが容易であるに違いないことには疑いを挟まない。青年の間で規律を醸成するために国民精神を種固有の宗教体験の中で呼び起こし、それを国民、とくに兵士の中で現役兵役期間およびその後にも保つことはどの国家も断念してはならない。

軍への編入や服従なしには規律が考えられないことは、強調するまでもない。

総力戦の中では、規律は極めて重大な試験にかけられる。そのためもあって、規律は軍の中で慎重に醸成され、とりわけ補充要員に与えられる必要がある。将校自身が戦場で規律維持の重要性に気付かず、それを維持するために、喫緊に必要とされていた形で強硬な手段をとらなかったことは意外であった。無為に母港にいた艦隊部隊と補充部隊において、規律は銃後の堕落的影響の下で弱まり、それが遵守されないことがあまりに頻繁にあった。ここでは規律の重要性についての認識が欠けていたが、「不満分子」の活動の重要性についての認識も欠けていた。補充部隊の訓練要員の選定は、それ（規律の低下を指す）を中心となって助長した。総力戦では軍の中の戦闘を担う部隊だけではなく、前線から離れている部隊における規律も「不満分子」の腐敗的影響に対して強固にすることが重要である。規律は、平時におけるよりも戦時において重要である。国民の生存維持のための戦いにおいては、規律違反を特別法に基づいて迅速かつ厳重に罰していくことが必要となる。[15]

規律は軍全体を団結させる。軍は、規律によって初めて功勲をたてることができる。規律はまた、一体となって望み通りに行動できることを軍に保証する。個々人は規律によって全体の中に組み込まれる。先に私が述べた自立した行動が実際には例外であっても、今日の兵士の規律の性質を規定するような例外である。なぜならば規律は、耐え忍ばなければならない極めて緊張した状況で実行に移されなければならないからである。規律は、当然「無名の兵士」だけではなく、同様にその上官から、司令官に直属している極めて著名な将軍にまで要求されなければならない。決然と自発的に行動する力がますます必要となるにしても、彼ら（上官や将軍たちを指す）は［「無名の兵士」と］同様の規律、同様の服従を体現しなければならない。服従の中の規律と、求められた自立的

15　これは全く当たり前の要求のように思われるが、当然のことではない。世界大戦が長引く中、規律が低下し、例えば敵前逃亡の事例が増えていった一九一八年に、ドイツの軍事法廷は全く無力であった。軍事法廷は死刑の代わりに自由刑を課したが、それは恐怖の対象であった敵砲火から敵前逃亡者を遠ざけることを意味した。その一方で、その一年前にフランスの軍事法廷は、国民を救うという己れの倫理的義務を履行するために死刑を宣告していた。

行動の中での規律との間の均衡も、彼らは見出さなければならない。しかし、それについては後ほど述べる。

軍の中では、平時において徴兵される年次は交代する。年次は次から次へと代わり、下士官と将校が残る。彼らは陸軍の伝統を維持する職業軍人層を構成しており、平時と戦時には部隊の教育者であり、戦時には指導者である。どの軍においても、予備役将校や下士官が将校・下士官団の隊伍を強化するが、この点（将校・下士官団の役割という点）に変更を加えるものではない。それによって、常備軍の中での将校や下士官という職業は重要となり、そのために任命される役職に伴う、著しく重要な任務に向けて彼らを教育することもまた重要となる。彼らは気骨溢れる手本であらねばならず、軍事的徳において優れ、模範的な生活を送らなければならない。最初の砲弾が音をたてるとき、兵士は彼らに視線を向ける。そのときに部下が彼らによせる信頼は、彼らが兵士の精神を正しく理解し、正しい方向に導いたか、彼らが自身の安寧よりも部下への配慮を優先させ、訓練を正しく促進し、規律を正しく落ち着きをもって厳格に扱ってきたかを見る試金石である。この信頼は、同時に規律の貴重な基礎でもある。

それ以上に人間としても兵士としてもあらゆる関係で頼りになることは、下士官の際立った特徴でなければならない。それはとりわけ、密接に共同生活をしている部下の尊敬を彼にもたらす。

将校はある意味、簡単である。彼はより隔離した生活を送っている。しかし、その他の点で彼の責任が下士官のそれよりも重いと評価されなければならないということは、すでにその地位に容易に根拠付けることができる。彼は拡大された監督権を行使し、兵士と部隊の訓練や教育のため、そして部隊内部の団結のための原則を実行に移すが、その規模は階級［の上昇］とともに拡大していくのである。人民軍（Volksheere）と総力戦の時代において、将校は、国民の団結性と規律の基礎、およびその重要性について明瞭に見渡し、民族的生活の中にしっかりと立脚し、兵士の精神と国民の本質に関する体験を自ら有しているときにのみ、特に自己の任務に対処する［ことができる］であろう。この点が旧将校団には欠けており、彼らは国民の生活から離れたところに立っていた。旧将校団が民族的思考を知らず、ただ国家主義的（national）で王党的（monarchisch）な思考のみを知っていたことは、時代［的要因］に規定されていた。しかし、それ（国家主義的で王党的な思考を指す）をもって十分とは言えなかったことは、戦争の経過が強烈に教えることとなった。特別な身分的名誉、さらに制服を着たときにのみ得られる名誉というものは将校には存在しない。ただ唯一の名誉しか存在せず、それは、男女を問わず国民のあらゆる構成員のそれである。彼（将校を指す）の名誉とは、国民の生存維持のための闘争の中で、国民同胞の模範、教育者、指導者であることであり、彼（将校を指す）の義務とは、この誇りある任務を遂行することができ、それにふさわしくあり続けるよう努めることである。将校は気品を感じさせるように自ら進んでこの任務のために生きているが、それはその任務自体のためであり、「昇進をする」ことが目的ではない。

それによって将校は、いわば軍事・技術的な領域でのみ兵士の指導者であるだけではなく、彼らの精神をつかみ、それによって彼らの真の指導者になることができるであろう。そうでなければば、部隊の団結性は長引く総力戦のあらゆる要求に耐えることができない。出世主義はすでに平時において、将校団の、そしてそれによって軍の倫理構造を掘り崩す。

ここで軍の下士官と将校について述べられていることは、軍の中に存在する下士官や将校の特殊集団、例えば砲やその他の技術的なものを管理したり、艦隊の中で軍艦の機器やその運転を監督し、その指揮をとったりする任務を負っている特殊集団についても同様に当てはまる。軍の健康状態と病人や負傷者の回復に責任をもつ重大な職にある衛生下士官や衛生将校、またさらに部隊や司令部行政内の会計管理に携わる多数の公務員にも当てはまる。彼らはたとえ一般的に戦闘の中で戦闘員を「率いる」わけではないとしても、補給や看護を通して部隊の戦闘力と、それによって間接的に規律に対しても重責を担っている。

例えば、衛生将校が負傷者の手当てや彼らの前線への送還、または徴兵［検査］の際に誠実に取り組まない場合、また事務員が部隊の補給に関して不注意であり、もしくはそれどころか購買の際に必要な信頼性を欠いていた場合、規律は彼らによってどのような損害を被るであろうか。軍は機械化された組織ではない。それは、健康な状態で生きるべき有機生命体であり、病気になり崩壊現象を示せば、これは国民の精神的団結性を破壊するような影響をもつ。

数、訓練、装備は、軍の強さの外への表れであるが、精神や倫理という内面的なものによって初めて、総力戦の要求に実際、長期的にも耐えることができる力が軍に付与されるのである。

軍の構成要素とその投入

軍の任務は、敵を戦いにおいて打倒することである。陸上で、海上で、そして空で戦えるように軍を分割する必要がある。軍は陸軍、海軍、空軍から構成されている。それらは、個々の国家においては、異なった評価をうけている。イギリスは、主に海軍と空軍に重点をおいている。イギリスではこの両者の価値に比べ陸軍の重要性は低くなっている。ドイツでは、総力戦における重要性ゆえに、陸軍と空軍が海軍よりも上位にある。状況は他の国家において、その地理的位置や海岸線の広がり、世界貿易や戦略的可能性に応じて差が存在する。空軍と陸海軍の戦力比についてさまざまな判断がなされているが、航空機の完成度の高まりと、敵国の経済と国民に対してそれを投入することで戦争の行方に影響を与える可能性によって[16]、この兵科（空軍を指す）の重要性は

16　国際法上で確認されているように、確かに開かれた都市などではある国の住民に向かって爆撃を加えることは、戦争に関する法と慣習に適っていない。国際法によれば、要塞の住民に向かってのみ爆撃を加えることが許されているが、どの国民も、生存闘争の中で自らにも向けられる戦争手段の使用を放棄することはできない。加えて、あらゆる戦争手段をもって例えば敵国の軍需産業を妨害することは国際法に適った行為である。そのような妨害の試みによって、住民に影響が及びうるということは避けられない。敵国住民の損害は、敵部隊に

高まっており、同兵科の偵察目的に関する評価は高すぎることはない。確かに戦争指導部は、強力な陸軍や海軍と並んで強力な空軍も保有している必要がある。空軍は強力でなければならず、敵が空軍を増強している分、一層強力でなければならない。しかし、戦力には技術や財政による限度がある。空軍の投入は、いまだに天候、曇り具合、霧に依存している一方で、陸軍はどんな天候下でも前進でき、濃い霧がたちこめている場合に限って戦えないだけである。[17]

大陸国家の戦争において、勝敗の決定は陸上でなされる。陸軍は、戦闘を交え、勝利をめぐって戦う。ここでは偵察の任務を除いて、空軍は直接介入することになり、勝利をともに勝ち取ることになる。しかし、空軍の火力は、陸軍の火力と比較すると副次的な重要性しかもたない。だが、敵に対して勝利を獲得するためには、とにかく火力、それも極めて強力な火力が必要である。どれほど重要に思えたとしても、敵住民に爆弾を投下することによって勝利を容易に得［られ］る、とはどのような軍司令官も考えてはならない。向上した［対空］防衛と空中での状況の結果、航空機がその目的を果たし、爆弾を投下することができるかどうかはすでに自明ではなくなっている。戦争指導は現実であり理論ではない。この現実は、第一に敵陸軍を屈服させることを要求し、そこで初めて、勝利した陸軍はその空軍力とともに敵陸軍の背後で敵国に侵入できる

17　艦隊は、霧の中では航行と戦闘を妨げられ、極めて強い突風の場合にもある程度まで妨げられる。向かって爆撃を加える際にも、そこに位置する村落や兵営で生じる。

であろう。そのために、大陸国家にとっての軍の力は陸軍にある。ここでの記述はまず基本的な説明のためであった。

陸軍の戦略的単位は歩兵師団である。それは一般的に、三個、場合によってまた四個歩兵連隊、予定ではさらに連隊編制外にある機関銃部隊および迫撃砲中隊からなる。そしてこれらの歩兵連隊は、歩兵の持つ複数弾装塡可能な小銃と並んで軽機関銃を持ち運ぶ歩兵中隊をそれぞれ三個有する、計九個、もしくはそれ以上の大隊と一個の重機関銃中隊をもっている。兵士は多くの歩兵用弾薬やまた手榴弾を運ばなければならず、他の弾薬は車両で運ばれる。[18]

砲兵に関して歩兵師団は、軽カノン砲と野戦榴弾砲をそれぞれ四門保有する、[19] 九個以上の砲兵大隊を率い、歩兵攻撃の援護のために場合によっては比較的小口径の砲、さらには重砲、計画では一〇センチメートルのカノン砲と一二もしくは一五センチメートルの野戦重榴弾砲および対空・対戦車砲を大量の弾薬とともに多数の車両で運搬する。

18　陸軍とその［個々の］単位の構成について、ここで、もしくは後に示唆することは、私の目的を果たすには十分である。例えばまた、砲兵だけに限らない自動車化や、歩兵随伴砲や対戦車砲の歩兵部隊への配備といったような多くのことは全く流動的である。

19　カノン砲は、平坦な弾道を、そして榴弾砲は鋭く湾曲した弾道をもち、目標に対して前者ではどちらかというと正面から、そして後者ではどちらかというと上から命中する。

さらに歩兵師団は、軽機関銃と装甲戦闘車両を有した騎兵をあまり保有しておらず、[20]場合によっては、野戦飛行隊、電信機や電話機、無線機を備えた通信隊、一個もしくは二個工兵中隊、場合によってはさらになんらかの特殊部隊、さらに食料、弾薬、燃料、潤滑油の補給のための縦隊や輜重隊、製パン縦隊、さらに衛生兵部隊や野戦病院などをもっている。

そのような師団は、平時における陸軍部隊から生まれるか、平時における陸軍の比較的強力な基幹部分の配置とともに予備役年次の兵員から構成される。後者の予備師団は、前述の師団と同様の戦闘任務を結局は遂行していかなければならないため、同様の［戦力］構成と装備をもつ必要がある。ドイツ陸軍が世界大戦前に残念ながら行っていたように、予備師団を［現役師団より］劣ったものと考えることは適当ではない。

この戦略的単位は、陸軍によっては軍団にまとめられることがある。師団からなる軍団にいくつかの部隊、詳しくはその縦隊や輜重隊が直接所属することは可能である。特別な通信部隊、恐らくは飛行隊もまた、軍団司令官に常に属している。

比較的小規模の戦闘任務を遂行し、治安維持の目的のために、最も年齢の高い年次からさまざまな種類の郷土防衛軍旅団と国民軍（Landsturm）部隊が編制される。それらもまた、どの方面

20　装甲戦闘車両の設計は、全く統一されておらず、各陸軍内においてもそうである。ミュンヘン、J. F. Lehmanns出版、一九三五年編集のハイグル（Heigl）の戦車についての文庫〈訳者注・Heigl's Taschenbuch der Tanks, München, 1935.〉を参照。

においても戦闘任務遂行の能力が装備によって付与されなければならない。

　これらの部隊の構成員は、数日間の食料品を直接携行し、食料品やまた飼料もさらに必要な分が車両で運ばれる。同様に、負傷者の応急手当てのための衛生物資の装備も規定されている。同様のことが、後に挙げられる軍種・兵科にもなんらかの形で大意において当てはまるが、ここでは繰り返して記述するようなことはしない。

　すでに挙げられたこの「歩兵」部隊と並んで、数個の騎兵連隊と少数の砲兵大隊からなる騎兵師団が存在している。それらはたいていの国ではおおむね自動車化され、基本的に多くの機関銃と大量の弾薬を装備している。自動車化された部隊は兵員、機関銃、弾薬の運搬のために軽戦闘車両や多くの通常車両を率いている。

　さらに個々の国家は、さまざまな構造と装甲力を備えた戦車を有する重戦闘車部隊を所有している。そのような装甲車部隊は、キャタピラによって戦場の障害を克服し、築かれた陣地を乗り越える能力を有している。

　ところで、自動車化への追求が、特別な自動二輪車部隊や、トラックで移動する、どちらかというと歩兵からなる部隊［の編制］にどれほど結びついていたかは、明らかにせずにしておくしかない。これらの部隊の指導部は、高級指揮官のための馬やその他のものを同時に運搬することが極めて困難であるという問題を抱えている。

　さらに陸軍は、カノン砲や榴弾砲中隊の形で、馬につながれたり自動車化されたりしている重砲、もしくは極めて強力な重砲を保有し、可能な限りで師団編制外の野戦砲部隊も保有している。場合によっては、レールを使った極めて強力な重砲の使用もときには考えられるかもしれない。投光器部隊、火炎放射器部隊、工兵部隊、攻城部隊、通信部隊や毒ガス戦部隊がそれにさらに加わってくる。

すでに説明された部隊は、軍に、そしてさらに軍集団にまとめられ、軍集団司令部に特別な偵察部隊、通信部隊および対空砲が配属される。

最後になったが、補給やあらゆる領域での補充、負傷者や病人の手当てといったことのための兵站（へいたん）部隊や鉄道部隊の大集団が軍司令部（Armeeoberkommandos）の指揮下におかれ、それらは陸軍と銃後の繋ぎ役をなして、会戦や長距離行軍を伴う作戦行動を遂行する力を陸軍集団に与える。これについて、作戦行動［の舞台］を敵地に推し進めることに成功すれば、現地の鉄道は特殊部隊によって銃後からも運営される。

空軍は、爆弾の投下や、例えば戦闘員を敵前線の後背地に降下させるような特殊任務のために重航空機や超重航空機を有し、戦闘と観察専用の軽航空機を有する。偵察用のものも含めすべての航空機は、その大きさに応じて装填速度の高い小銃から軽機関銃、さらに小口径の砲にいたるまで、空中での戦闘や対地戦闘のための武器を装備している。フレシェット弾、爆弾、化学兵器がその戦闘力を高める。これらの航空機は、大破した航空機の乗組員救出のために落下傘も持ちあわせ、できる限り航空機の表面は敵弾の命中に対して軽度に防護されているであろう。航空機には、投下用のプロパガンダ資料を搭載することができる。

空軍では少数の航空機から部隊が組織され、それは飛行隊に統合されることになり、飛行隊は今度はより大きな単位にまとめられうる。この構成単位は、格納庫や燃料貯蔵施設が部分的には地下に存在する飛行場に依存している。それらは、対空［部隊］、および新たな航空基地を部隊の近くに建設するためや、そして高速エンジン用の燃料といった物資を補給するためにも、自動車化された輜重隊を必要とする。

海軍は、排水量約三万五〇〇〇トンの戦艦、一万トンの装甲巡洋艦、約六〇〇〇トンの軽巡洋艦、補助巡洋艦（かつての商船）、駆逐艦、魚雷艇、潜水艦、砲艇、機雷敷設艦、掃海艇、航空母艦などを有している。あらゆる艦艇は、比較的長期間、海上に留まることができるような装備を有している。それ以外の点では、港湾での乗組員への物資補給、砲弾の補給、その他の補給に依存しているが、病院船やタンカー、その他の補給船が港からの［艦艇への］補給の中継を引き受ける場合、状況は異なる。

軍艦は、船体に見合う形で巨大口径から小口径にいたる大型、もしくは超大型機関砲や対空砲を備えている。正面や後方へ艦砲の火力の一部を集中させることができるとしても、舷側で最も効果的な集中砲火ができるように戦闘用の砲は配置されている。軍艦は、大部分において特別な魚雷装備をさらに備えている。

個々の巡洋艦が遂行しなければならない通商破壊戦（Kreuzerkrieg）の任務や、潜水艦が単独で行う水中戦の任務を除いて、海軍の軍艦は戦隊や小規模の艦隊に、そしてより大きな場合には戦艦、大小の巡洋艦、駆逐艦、魚雷艇、潜水艦からなる艦隊に統合される。

陸軍のもとに当初から航空部隊が所属しているように、私が言及した特別な航空母艦においてであろうと、陸上での飛行場においてであろうと、海軍もまた航空部隊を指揮する。

あらゆる部隊、特に陸軍と海軍の戦闘部隊は毒ガスマスクを備えているであろう。

軍のあらゆる構成要素、すなわち陸軍、空軍、海軍は、国内に補充部隊とその他の組織をもち、それによって国内から常に新しい力を得ることができる。

軍は国内でさらに、防空部隊、投光器、飛行禁止措置を特定の施設や住民の保護のために用いることができる。

最後に、軍は連絡とプロパガンダを目的として大規模な無線中継所を保有している。

軍の部隊は巨大である。すべての部隊が直接的な戦闘行為を行うために召集されるわけではないが、それらはともに、敵の抵抗を挫くこと、特に戦場での会戦の決着を通して敵を殲滅することに貢献する。

会戦の決着は戦争の決着をもたらし、[そのため] 会戦は最も重要な戦争行為である。そこに戦闘部隊を投入する必要がある。戦闘部隊に蓄積された戦闘力は、まずは圧倒的な火力で敵を殲滅するように叩くために、敵に向かって展開しなければならない。砲撃戦にこのように部隊を投入し、それを遂行することはそれ自体とても容易であるが、それは、殲滅的な砲弾の効果をすでに遠距離からでも発揮させる同様の火砲の保有において、彼我に格段の差がある場合である。敵を倒すだけでなく、自身の戦力も温存する必要がある。

武器の効果は進歩的に向上した。火薬の発明後には球状の弾が使用され、そして徐々に榴弾が導入された。それは、榴弾が地面や壁または船の側壁にぶつかることで火薬が爆発し、それによって榴弾の弾殻が弾片となって、それが今度は威力を発揮するように、火薬が詰められ信管が備え付けられた砲弾であった。別の榴弾は今度は遮蔽（しゃへい）物や装甲を貫くことになる。そして、信管によって砲弾を弾道上のある特定の位置で爆発させることができるように信管を調整できる大砲用弾丸が作られるまでになった。この砲弾の内容物である鉛の玉は、爆発点から目標に向かって降り注ぎ、上から命中する。今日では、砲弾は極めて完成度が高いものとなっている。用途に応じて作られた榴弾は極めて厚い装甲を貫き、また目標を貫通後に爆発し、その結果、そこで砲弾の弾殻の飛散や、榴弾内部のガスの拡散によって威力を発揮する。別の榴弾は、軽く地面と接触しただけで無数の弾片に分かれ、それは地面をかすめるように飛散する。空中で爆発する砲弾（榴散弾）も同様に改良されている。

機関銃や小銃の弾丸は単発の弾として機能する。

手榴弾、迫撃砲の弾薬、海に設置された水雷や魚雷は榴弾と類似した機能をもつ。航空機に搭載する爆弾は、弾片や主に毒ガスの大規模な効果を備えている。爆発や毒ガスの効果に加えて、しばしば焼夷（しょうい）効果が加わる。種類によっては爆弾の重点はここにある。

火炎放射器は炎と煙が広がることで効果を生み、毒ガスは粘膜や肺に毒を送り込むことで効果を発揮する。

兵器が効果を発揮できる、もしくは効果が引き出されうる距離がときには著しい場合がある。我々の暦が始まる以前（紀元前のことを指す）やまたその後でも、敵同士が一対一で短剣を取って戦っていたが、すでに当時から一部で弓矢や長槍、投石器を用いて敵に対して優位に立とうとし、要塞に攻撃をかける際にも遠距離から投石器が使われたことを思い起こしていただきたい。中世の火薬の発明と飛び道具の導入をうけて初めて、敵同士が距離をとるようになったが、それでも一〇〇メートル以下のわずかな距離をはさんで直立しながら密集した列をなして撃ち合ったことを思い起こしていただきたい。砲、小銃およびその弾薬の完成度の高まりとともに、敵同士はさらにやや距離をとるようになり、一八世紀の終わりに、徐々に遮蔽のために地形を利用する射撃陣形を形成し始めた。

牽引用兵器の前世紀（一九世紀を指す）中ごろの導入や火薬や砲の改善によって射撃範囲が絶えず拡大し、最終的に、すなわち数十年の間に今日の射程と効果にたどり着いたことを思い出していただきたい。これによって、戦闘地域は縦深方向へ拡大された一方で、かなり後になってようやく前線が拡大し、戦闘隊形は分散したものとなった。海軍の大口径砲は二〇から三〇キロメートルまで射程を有し、これに対し陸軍のそれは、特殊砲の威力を除いては劣るものとなっている。師団が保有している砲は、重砲では一〇キロメートルかそれ以上の射程をもち、軽砲では一〇キロメートルかそれ以下である。小銃と機関銃は二〇〇〇メートルまでの射程をもち、迫撃砲の射程は数百メートルとより短い。魚雷は今では恐らく二キロメートルかそれ以上の距離から発射し、爆弾は当然どのような高度からも投下できる。[21]

しかし、兵器・弾薬・砲技術のために（このことは、航空機からの爆弾投下にはあてはまらない）、最大の効果は最大限の距離からではなく、命中率も高まる至近距離から得られることは明らかである。敵との間に遮るものが存在しない海上や空中では、この制限下で射程は最大限まで利用できる。ただし、それが雲の発生や霧、その他の天候状況、海上では地球の湾曲によって妨げられている場合は別である。陸上では状況は異なってくる。そこでは地形、地形による遮蔽物、建築物によって、視野を遮るものが敵に常に十分に提供され、射程を完全に利用することが妨げられる。しかし、観測手段、すなわち双眼鏡、係留気球、航空機によって射程は再び拡大する。陸上、空中または水中、どこであろうと戦闘は超遠・遠距離から始まり、火力を最大限に高め、またすべての兵器を投入するために敵に近づいて［戦闘を］行わなければならず、その際に陸上での戦闘地域は数キロメートルにもなる縦深をもつ。

この戦闘地域では、隊形は、私が示したように分散した形をとり、最終的に歩兵や軽機関銃を

21　この確認事項も、一般的な性質のものでしかない。手榴弾は数歩の距離からしか投げられず、火炎放射器は至近距離からのみ効果を発揮し、容器に入った毒ガスは、風向きに応じて数キロメートルにわたり広がるということをここでは付け加えておく。

もった機関銃隊は自立して行動しなければならないまでになる。その際には、道を一キロメートル進むのに一二分要する歩兵が、猛烈な敵砲火の下で地形を克服しながら敵に近づかなくてはならない。それは、敵の兵器の威力が徐々に無力化されていくときにのみ可能である。敵の抵抗により、これは時間を要する。陸上戦ではそのために時間、それも多くの時間、しばしば数日間が必要とされる。空中では、戦闘において［時速］数百キロメートルの速度で航空機がぶつかり合い、海上ではことによっては時速二〇海里[22]、すなわち時速三七キロメートルで艦隊がぶつかり合う。両者とも、戦闘の中で最高速度に達する。陸上、空中、海上の戦闘は、そのために異なった様相を呈する。しかし、敵に対して火力の優位を得る戦いによって、それらは同様の特徴をもつようになる。

火力の優位を獲得するためには、手持ちの火器の効果を敵に対して発揮することが必要不可欠である。このことから、戦闘部隊を幅広い前線で、もしくは海軍では線上に広く投入することが導かれる。これによって陸上戦に関して、すでに世界大戦が結局のところ見せたような、それ以前の戦争とは全く違う幅の広がりをもった前線が今日の大衆陸軍では生まれる。しかし、幅の広がりにも限界がある。例えば、歩兵師団内では、師団所属の砲兵による歩兵の支援が可能である必要があり、同様に、例えば海軍や空軍では、戦闘で複数の戦艦や航空機の火力を一つの目標に

22　一海里は一八五二メートル。

集中させることが保証されている必要がある。使用できるかどうかによるが、戦闘で重砲から小銃にいたるまでさまざまな武器がもつ火力を集中させることで、決定的な場所で火力の優位を勝ち取らなくてはならない。しかし、そのような集中は、重砲と並んで他の武器や最終的には小銃を敵に対して極めて効果的な射撃距離から投入することが徐々に成功してきたときにのみ可能であり、それは特に陸上での戦闘で顕著になる。それによって、敵は互いにとって最も効果的な射程圏内に入る。しかし、面と向き合い、そして前線同士が向き合った状態で火力の優位を勝ち取ることは難しい。

敵が一方向に向く以外に選択肢がないのに対して、敵に向かって複数の面から発砲を行うとき、すなわち敵を包囲するように攻撃するとき、敵への火力の集中にとって最も好ましい状況にあることは自明の理である。すなわち、敵を正面からだけではなく、側面からも、そして可能であれば背後からも、そして空中からも――空中戦では同時に地上からも――攻撃できるときである。

そのような状態を、敵の万一の失策を利用しながら陸上、空中、海上で引き寄せることが、戦争における、すなわち大小の戦闘の決定機における戦術的、戦略的妙技である。タンネンベルクの戦いでは、それが実現された。それは、そのような攻撃が自身の戦力[23]を温存する結果になる

23　それについてはさまざまな観点から、『タンネンベルク（„Tannenberg“）』〈訳者注・München, 1934.〉、『戦争史という娼婦。世界大戦という裁きを前にして（„Dirne Kriegsgeschichte vor dem Gericht des Weltkrieges“）』〈訳

ことを同時に示している。味方は一万二〇〇〇人の死者負傷者という損失を出したのに対して、敵は一二万人の死者と捕虜を数えたが、それは捕虜となることを免れた負傷者を含んでいない。文字通りの殲滅戦は、二重の意味で重みをもつ。すなわち、それによって決定的に敵を叩くことと、味方の戦力がそれに比べると少ししか殺がれないことである。敵を前から、すなわち正面から攻撃せずに、側面を突こうとする考えは誤りである。敵は静観することなく、相手に向かって旋回運動を行うであろう。すなわち敵は、攻撃をうけていない戦線から攻撃を加える相手に向けて方向を変え、結果として正面から戦うことになるであろう。東部の［ドイツ］第九軍は、一九一四年十一月初頭にワルシャワからポーゼン（Posen）（現ポーランド領ポズナン［Poznań］）に向かう敵の北側面に向かって前進した際、そのことを強烈に体験することになった。第九軍は「タンネンベルク以上のこと」を勝ち取ろうとし、ロシア軍の正面を適切に攻撃せずに、過大ともいえる包囲網を張った。ここでは、ただ示唆するだけにとどめておく。結果として敵は、力強い進軍を伴って「もともと向いていた」方向から第九軍に向かって旋回し、それを激しく攻め立てた。敵が第九軍の翼端も攻撃したことによって、状況はより厳しいものとなった。広く回り込んで包囲を行う外翼の背後に強力な後陣が包囲行動のために必要であることは明らかである。包囲する側が今度は包囲されることは、今日の大衆軍（Massenheere）では全くもって容易に起こりうる。我々はそれをちょうど示

者注・München, 1934.〉、『戦争での不服従（„Unbotmäßigkeit im Kriege“）』〈訳者注・München, 1935.〉といった著作の中で描いた。

唆したように一九一四年に東部において体験しただけではなく、一九一四年九月初めにパリ方面から体験させせられた。将軍フォン・シュリーフェン伯爵が包囲側の外翼を強化するように戒めたことは大きく注目されるべきではあるが、そのための部隊が存在していなければならない。

非常に広域での戦略的包囲も、接触した敵外翼を押し戻し、そしてさらなる兵力で一層回り込むことで後退する敵を退却に追い込むために、最終的にはある箇所での戦術的な包囲を目標としている。私がタンネンベルクで行ったように攻撃者が突撃することができるような間隙が敵前線に存在する場合にも状況は似ている。ここでは、［前線］内部に存在している敵［部隊］の外翼をまずは砲火をもって純戦術的なレベルで包囲し、その次に［各部隊の］外翼の間をますます広げさせ、敵前線の間隙を絶えず拡大し、この間隙を通して今度は包囲網を拡大することが肝要である。

別の行動がとれない場合、砲という戦闘手段と装甲車両の大量投入、および空軍による火力の使用の下で正面攻撃により敵を後退させ、そして一点突破を行うことも、陸上戦では結局可能でなければならない。しかしながら、世界大戦では西部において協商国側、東部においてロシアによる強力な突破攻撃は失敗し、ドイツ陸軍の攻撃も一九一八年夏には敵前線を著しく押し曲げることにしかならず、それを突破することにはつながらなかった。これは、第一八軍の右翼前方の敵に脆弱（ぜいじゃく）な点があることが私に報告されていたか、陸軍がこの脆弱な点をあるべき形で利用していたならば、もしかすると一九一八年三月二一日の攻撃において可能であったかもしれない。正面攻撃は味方の大きな損失と常に結びついているであろう。

強力な火力を用いて戦い、相手が見せた弱点を利用しようと双方がするように、両者は外翼後方に厚い後陣を配置し、前線後方の予備兵力を温存することによって、発生しうる危険を予防しようと考えてもいるであろう。一方の戦争当事者が会戦地で攻撃によって会戦の勝敗を引き寄せることを最初から断念していない限り、敵対している両者のうちのどちらが戦闘を行うために攻撃に踏み切るのか、どちらが防衛にのみ従事しなければならないのかは以下のことに懸かっている。すなわちそれは、決定的な箇所において火力の優位を獲得できるかどうかである。

火力の最大限の展開も、敵の殲滅につながるとは限らない。敵の殲滅は、敵陣地に突入するまで攻撃を実行することによって初めて成し遂げられる。ヴェルダン、ソンム（Somme）、フランドルでの激しい砲撃の下でさえも、人は砲弾跡の窪地で生き続けた。火力のみによって勇敢な敵の抵抗を打ち破ることができると考えるのは間違いである。ときおりこれが成功することはありうるが、最終的な勝敗は陸上では人対人、戦車対人、戦車対戦車の戦いで決する。孤独な戦場では、攻撃側の歩兵は遠距離から敵に接近しなければならない。このために歩兵は、敵砲を鎮圧し、そして自ら敵に近づきながら敵歩兵をも砲撃しなければならない友軍砲兵隊による、激しさを「徐々に」増していく不断の砲撃支援を必要とする。歩兵は、随伴している軽砲による直接的な砲撃支援も必要としている。歩兵は結局、重機関銃でもって自ら切り開いていかねばならず、その結果、迫撃砲の援護をときおりうけながら、小銃と軽機関銃を使ったより強力な援護射撃の下で敵にさらに近づき、突撃の中、敵を白兵戦で屈服させる。戦車は歩兵よりも速い。歩兵は、そもそも存在している場合、［戦車による前進］後に初めて侵入地点に歩を進めさせることができる。しかしそのときも、歩兵もしくは戦車の搭乗員は敵を屈服させる必要があるであろう。大量の砲火がまだ強力な効果を及ぼすかもしれないが、戦闘を決するのは人である。別の条件下であったとしても、陸上だけではなく、空中、海上、水中でも同様である。しかしここでもまた、あらゆる兵器がその火力投入量を絶えず増大させながら、ますます近い距離にまで、むしろ至近距離にまで敵に近づかなければならない。

総力戦は戦闘の決着を要求し、それとともに決定的な場所において攻撃をかけることを指導部に容赦なく要求する。決定的な場所での攻撃と言うが、多正面戦争や長い前線においては攻撃をいたるところで実行に移せるわけではないからである。これ（決定的な場所での攻撃を指す）は敵戦力［の展開］を妨害する。陸上であろうが、空中であろうが、水上であろうが、［戦争］指導の技術は常に以下の中にしか存在しない、それは、数や兵器の効果における優位、すなわち重点形成をもって、敵の脆弱箇所で、かつ敵に対する勝利を敵の敗北にまで高める攻撃方向に向かって敵にぶつかることである。不意をつくことがその際に大きな意味をもつことは確かである。

自動車化された部隊の俊敏な機動性――陸上戦で述べると――や、これらの戦力をすばやく集中させて戦線での任意の一点で投入させることを可能にする空軍のそれによって、不意をつくことは容易になるが、しかしそれはまた、敵による空中からの偵察活動がまだ可能であるとすると、それによって今度は困難になる。そして、その空中からの偵察活動は完全に妨げることができないであろう。しかし例えば、歩兵師団をもって正面や側面から敵を攻撃し、自動車化された部隊を用いて敵を背後から襲い、最後には航空機を用いて砲火と爆弾を上空から降り注ぐことは陸上では可能となりうるであろう。同様の状況は大筋において、敵の包囲に加えて敵航空機の上をとることがありうる空中戦や海戦についても生じる。陸上や海上の会戦での成功は、それらの戦闘に先立ってそのような空中戦で制空権を獲得している場合には容易となる。このことはまたもや自明の理である。遠くまで偵察する目を奪われた敵は、その目を有し、加えて、敵の迎撃行動にもかかわらず空中から、すなわち上から地上や海上の敵を効果的に攻撃できる者からは容易に攻撃されうる。

向上した火力に対して、ますますそれから逃れようと努力がなされる。これは、確かに陸上では戦場での［兵士の］孤独化につながり、軍艦の装甲化を引き起こし、今日ではあらゆる陸軍の共通財産となっている装甲車両とヘルメットを生み出した。擬装の要望や、戦車や軍艦が行っているように敵の視覚から逃れたり、または敵を覆い、それによって敵の視覚を妨げたりするための人工的な霧の投入はそれに照応しているといえる。同様の努力から生じる、モーター音、とりわけ航空機や潜水艦のそれを小さくしようとする要望はまだ実現できていない。とりわけ敵の火力から逃れる必要性から、地面を掘ってその遮蔽を利用するようになった。一九〇四／〇五年の日露戦争以来、戦争で野戦堡塁を使用することの重要性は確かなものとなっている。それは世界大戦でさらに強調されることになったが、戦争参加国が機動戦で勝利することを理解していなかったために、そこで生じたような塹壕戦は戦争の退化［形態］であったことを忘れないでいただきたい。そのような場合（戦争参加国が機動戦で勝利することを理解していない場合を指す）が生じた際にも、塹壕戦は再びありえるであろう。しかしその場合を全く除いても、部隊は機動戦においても、攻撃の際や、［特に］防御の際にはますます地中に塹壕を掘ることを放棄してはならない。塹壕を掘ることは確かに、敵砲火の影響から逃れ、その際にまた可能な限り安全な場所からの発砲に移るための最も確かな手段である。砲の曲射や航空機からの射撃に対しても遮蔽物を構築できるかどうかは、戦闘が停止している時間［の長さ］に依存している。それが可能な場合、塹壕の中の兵士を奇襲から守るために、陣地の前に障害物が設置される。戦闘車両は、垂直に掘られ、しっかりと壁が固められた幅の広い壕がそれらの前に存在しない限り、障害や塹壕を走破できる。［ただ］それは、戦線に属する陣地ではほとんど達成できないであろう。[24]

かつて頻繁に行われ、クラウゼヴィッツも行い、理論家が今日でも場合によっては行うかもしれないように、戦争のより強力な形態は攻撃かそれとも防御か、そして、敵に突撃させ、その攻撃が崩壊したのちに自ら反撃に移ることが最高の戦争指導術であるか否かという問題を論じることは無駄である。これは、総力戦の重大性と平易さについて間違った考えを与える危険な人工的議論

24　世界大戦では、陣地をこのように蹂躙（じゅうりん）することに戦車の特別な強みがあった。対戦車兵器が今日ほどの完成の域に達していなかったために、ますます戦車はその強みを発揮することができたのであった。

である。陸上で接近する敵を良好な射撃視野が確保できる安全な遮蔽から撃つことのほうが、遮蔽にいる敵を倒すよりも容易かつ可能性が高いということは、一掛ける一が一であるのと同じ位確かである。その限りにおいて、陸軍集団の戦闘においても、攻撃より防御のほうが「強力」である。劣勢側、いずれにせよ、戦争の舞台でその場所において劣勢である者は、防御戦をとるという目的であろうと、敵をまずは食い止めるという意図しかもたない、時間稼ぎのための戦いであろうと、防御を選ぶであろう。敵の足止めは、長い射程をもつ兵器だけでなく、戦線の広い範囲で自動車化部隊を投入することによっても可能となる。射程が長いことによって攻撃者は、敵から極めて離れた位置から戦闘隊形をとり、戦闘のために展開することを強いられ、それは、攻撃を仕掛ける敵が、相手がどのような意図をもって動いているかをたいていは知らないために、それだけ一層時間の損失と結びついている。攻撃のために部隊を十分に投入することができないとすると、防御側は投入［部隊］がどれだけ少なくて済むかを考えることになるであろう。ここにも［防御の］強みがある。いずれにせよ、攻撃は会戦での勝敗を決する戦闘形態であり続け、攻撃が重要となる。敵がそのための機会を与えるならば、劣勢側も攻撃を進んで選ぶであろう。攻撃には、優位な戦力［を持っている］という誇り高き感情、すなわち、正しく導かれた攻撃に強さを――数で勝る敵に対する強さも――授ける、あの推し量ることができないものが宿っている。

総力戦に見られる大衆軍（Massenaufgebote）においては、前線全体やすべての戦線にわたって攻撃することは、優位に立っている側にもできないであろうということはすでに述べた。優位に立っている側は、［別の］地点で防衛し、戦闘行動や戦争の経過において生じるように、そのために手元にある手段で陣地を固めることを余儀なくされるであろう。そのような考えは、予測される戦争の状況に応じて防御施設や要塞——しかしながらこれらの価値は、今日において下がってしまっている——もすでに平時において設置し、その結果攻撃を行う敵は、それらへの攻撃に［自己の］戦力を固定してしまうことを強いられるか、自身にとって結果として不利となり、利用されうることもある作戦を選択することを強いられることにもつながる。

　ドイツ陸軍が克服するだけの力を有していなかった、フランスのヴェルダンからベルフォール（Belfort）にいたる要塞システムによって、［ドイツ陸軍は］ベルギーを通過する作戦を強いられた。ここではナムーア（Namur）（現ベルギー領ナミュール［Namur］）、アントワープ（Antwerpen）、リール（Lille）にドイツ陸軍の戦力が割かれたのであった。メッツ（Metz）（現フランス領メス［Metz］）要塞と要塞化されたモーゼル線（Mosellinie）によって、フランス軍は攻撃に際して分散することを強いられた。それらの要塞は、ドイツ指導部がその任務を十分に果たしていたならば、フランス軍のうち、ロレーヌ地方に侵入していた部隊に対して完全な勝利を収めることを可能にしていたであろう。東部では、トルン（Thorn）（現ポーランド領トルン［Toruń］）からマリーエンブルク（Marienburg）（現ポーランド領マルボルク［Malbork］）にかけてのヴァイクセル線（Weichsellinie）（ヴァイクセル川は現ポーランド領ヴィスワ川［Wisła］）が要塞化されていた。敵はそれより東側において粉砕されたため、戦争の経過の中でこの要塞がもつ価値が表立って現れることはなかった。フランスが今日においてドイツとの国境を封鎖用要塞で閉じるとすれば、この措置は、攻撃者を釘付けにすることを目的とした世界大戦中の塹壕システムを想起させる。しかしフランスの陸軍指導部は、フランス陸軍を塹壕システムから外へ出そうと考えているため、そのシステムはむしろフランス陸軍が粉砕された場合に備えた収容用の塹壕としての価値を有している。地上の要塞は、陸上の戦争指導にとって陸軍の重要な構成要素であり手段である。それは海戦の指導にとっても同様である。要塞化された軍港や基地および河口は、艦隊や海軍の部隊が安全に出港することを可能にし、確かな後ろ盾を与え、重要な沿岸部を敵艦隊による砲撃から守り、とりわけ重要な場所への上陸を困難にする。要塞化された港は、商船にも、そしてそれによって貿易の維持にも好都合である。

戦争の多様な形態の中では、要塞や陣地の防衛は重大かつ重要性に満ちた役割を果たさなければならない。それは、別の場所での勝敗の決着を容易にすることになる。防御からそれ（勝敗の決着を指す）が得られうるのは、防御側が攻撃することを決定し、それに移行するときに限られる。常に、攻撃が勝敗の決定を引き寄せる戦闘形態である。

激しい地上戦では、空軍から支援をうけて陸軍同士が戦う。この会戦に艦隊が海上から直接介入できることは希（まれ）であろう。

激しい海戦では、艦隊が空軍の支援をうけて戦い、ときおり陸上にある要塞もこの戦闘とその結末に関与するであろう。

空中戦では飛行隊同士が戦い、場合によっては陸軍や艦隊の対空砲によって支援を受ける。これらすべての会戦の最終目的は、敵の殲滅である。

陸上、海上、空中では、軍の部隊は長期の行軍、航行、飛行を経て会戦［場所］にまで移動しなければならない。それも、事前に確保された幾ばくかの保護の下で、かつ戦闘への来るべき火力の投入をどの軍部隊においても考慮する陣形で、そして、決着を予見できる限りにおいて、追及される決着［の様］を可能な限り考慮するような集団［構成］で［移動しなければならないので］ある。その他の点でも、集団［構成］は兵力の好都合な展開を許すものでなければならない。

空軍およびその速度の完成度の高まりと強化、偵察への投入、移動の自由が利く場所での自動車化された俊敏な陸上部隊の投入、同様の目的をもった、いたって機敏な偵察艇の投入によって、それまでのあらゆる偵察・諜報任務を除いて、これまで存在していなかったような、敵に対する偵察活動の可能性が生まれた。それによって軍部隊の指導は容易になるが、他面では困難ともなる。［というのも、］敵もまた同様の手段をもち、自身の殲滅につながることになる措置に気付くようになる［からである］。そのため敵を陸上、水上、空中で叩く戦争行為は、敵が対抗措置のための時間を見出せないようにその分、一層勢いをもって実行されなくてはならない。部隊を多大な行軍努力によって敵に接近させ、それらを火力戦に投入する必要性が生じてくるのは避けられない。この戦闘は一度始まると、性急にことを進めることはできない。恐らく軍艦と航空機は、これ速度を極限にまで高めることで火力戦の遂行を加速させる可能性を秘めているであろうが、これはそれらの本質に由来しているものであり、拙速というわけではない。

陸上戦では、二〇キロメートルかそれ以上の長さの行軍縦隊を時速四から五キロメートル、もしかすると一日二五から三〇キロメートルの行軍成果で——自動車化された部隊がもつ高い時速や一日の［行軍の］成果をもってしてもこの点は何も変わらない——、事によると数百キロメートルにも広がっている戦線上[25]でぶつかるようにゆっくりと、そして着実に移動させ、それに続いて——一方の軍隊が攻撃し、他方の軍隊が防衛にまわるということが起きなければ——激しい遭遇戦においてその縦隊を投入することが重要になってくる。戦場で求められる勝敗の決着を集団を投入する際にすでに念頭に置いておくべきであるという要求に対して、陸軍部隊をより狭い前線［部分］に集結したり、行軍縦隊を縦深化や重層化したりすることで決定的な方向に［兵力の］重点を移していく一方で、勝敗の決着が恐らくは模索されえないところでは行軍縦隊間の間隔を広げ、その深さを削ることで対応がなされる。また行軍のためにどのような措置がとられようとも、それは目的のための手段にしかすぎない。その目的（Zweck）とは会戦での勝敗の決着であり、目標（Ziel）は、戦争の勝敗を決するために敵に対して殲滅的な勝利を得ることである。［また、］航空機から敵の行軍縦隊へ攻撃を行うことで混乱をもたらすことが目指されるであろう。

25　一九一四年にはドイツ陸軍の行軍は、アーヘン（Aachen）の北からストラスブール（Straßburg）まで三〇〇キロメートル以上の幅をもって行われた。ブリュッセルとメッツ間の進軍も同様の幅の広さであった。

防御もしくは戦争遂行の類似の形態を選ぶと決定したならば、防御側は攻撃側の措置に応じて準備を整え、その戦力を行使するであろう。これに関して、危険にさらされた場所で後から投入するために予備兵力もまた、そしてその際には素早い移動のために自動車化された陸軍部隊が温存されるであろう。能動的であり、かつ目標を見失わないならば、防御側は、脆弱と認識された攻撃側の箇所に優位な火力を投入することで、攻撃における勝敗の決定さえも引き寄せることを常に目指すであろう。

陸上では部隊の戦闘への投入が緩慢にしか行われないとしても、空中や海上での部隊の投入は航空機や軍艦に固有である移動速度の高さの結果、迅速に実施されることになる。両軍種とも戦闘の中で初めて最高速度に達し、動力用燃料を節約するために移動時には最高速度を出さないとしても、航空機が飛行する際は場合によっては時速一二五キロメートルの最低速度を出力し、それに達しなければ墜落するであろう。また、艦隊の最低速度は時速二〇から二五キロメートルとなる。しかしすでに私が説明したように、それらの投入は、それ以前から長い間行われている移動や戦闘の推移を踏まえて、結局、陸軍部隊と同様の原則、すなわち戦場の決定的な場所に優位な火力を集中させるという原則にしたがった形で行われる。しかしながら、海上戦や空中戦では「防御」という概念が存在しない。これらの戦闘は攻撃の形でしか行えず、それは敵味方両者の速度「の高さ」ゆえに、陸上戦よりも迅速に進行する。艦隊が大きく距離を保ちながら、長期にわたって戦うことができることはこれと矛盾することではない。

改良された通信手段、すなわち通信業務や命令伝達を目的とした軍部隊間での連絡を可能とする手段、例えば、陸上戦、空中戦、海上戦での無線電信や航空機、陸上での電信、電話および自動車、艦隊での信号などによって大軍を指揮し、それを戦闘に投入し、統一的な指揮をとることは容易となる。しかしながら、無線電信を利用する際には、命令が敵にも傍受されうるという危険性は排除しなければならない。慎重に検証された暗号文を使用することは、ここでは義務である。[26]

敵の敗北を敗走へと変えるために、攻撃が成功した後に、陸上、水上、空中にかかわらず追撃が続けて行われなければならないことは、繰り返して述べる必要のある真実である。どれほど正しいことであろうとも、「最後の一兵、そして息の根を止めるまで追撃せよ」という指示は、多くの場合単に言葉の上のことでしかなかった。敗者が陸上ではこれまで常に勝者よりも足が速かったことは、事実である。敗者は確かにまた、わずかな手段でもって追撃者を食い止め、それによって別の部隊に退却を実行する時間を与えることができた。空中から影響を及ぼす航空機や、「敵に」回りこむように投入され、何度も敵側面を突いたり、また敵戦線を突破したりする自動車化部隊や装甲車部隊によって、追撃する側にはこれまで与えられていた以上に有利な状況となっているが、追撃する側も妨害される可能性があり、そして敵の大衆軍（Massenaufgebote）や自動車

26　戦争中、暗号文を解読するための正式な科学が成功裏に生まれた。

化された戦力、敵地で燃え上がる国民戦争のために、勝利の果実を一つ残らず収穫できるというわけでは結局ない。［そのために］それだけ一層、追撃によって勝利を完全なものとすることに自らの行動力を注ぎ込まなければならない。［その場合、］最大の成功が待ち受けている。水上や空中では、「ボイラーとモーター」から最大限の速力を引き出すことで、敵の殲滅にまでいたる会戦の勝敗を決することができるであろう。

私は、戦闘および戦闘への［軍部隊の］投入について述べてきた内容で満足しようと思う。例えば、敵海岸への上陸が引き金となるような特殊な戦闘行為には立ち入らない。それとは反対に、総力戦の本質に属し、それと切り離すことができない戦闘行為への空軍と海軍の投入については、さらなる考察が必要となる。この戦闘行為も、会戦への投入にあたり、軍の戦力を分散させることにつながってはならない。戦争行為の重点は会戦への［軍部隊の］投入にある。ただし、すでに戦争開始時に国民が分解状態にあるか、包囲下にある要塞のように飢餓によってのみしか国民に抵抗を放棄させることができない場合は別である。しかし、そのような例はめったに存在しないであろう。

空軍による特殊な戦争は、敵戦線の背後でその補給路、鉄道、さらに戦争遂行に直接または間接的に重要な施設すべて、そしてそれによって、そこで働いている労働者、そしてこれとの関連で（労働者が標的となっていることから必然的に住民の一部も標的となるという意味）敵国住民の一部に向けて行われる。

敵の戦争経済に対する作戦は、空軍が制空権の獲得のため、また陸上や水上での陸軍および海軍との直接的な協調行動のための戦闘任務に縛られていない戦争段階において実行されるであろう。どのような任務に空軍を投入するかを決定することは、戦争指導部の役割である。戦争指導部は、空中、陸上、海上での勝敗の決定のために空軍を最大限投入することを怠ってはならない。そこで防空設備が十分に設置されていたり、空からの攻撃やその結果によって、自己保存の意志が国民精神の中で特に強く表れてきたりする場合、敵国住民に対する効果への期待は簡単に満たされなくなる。制空権が得られ、敵軍が攻撃されていれば、次は敵国の領域が空軍の［攻撃］目標となる。

空軍が敵領域に存在する施設や住民に対する戦いを特別な任務として遂行しているように、敵による空からの攻撃に対して自国領域と住民を守ることは軍の義務である。もちろん、軍はその［防衛］措置を差し迫って必要とされるものに限定しなければならず、その結果、貨物駅、大規模産業集積地、または特に重要な軍需産業の工場、大規模倉庫、最終的には極めて大規模な都市を、準備された防空手段や連絡機関によって防衛することとなる。すべての場所を防衛することはできず、すべての爆弾がその目標、またはなんらかの目標に実際に命中するわけでもない。それでも、防毒マスクを装備していることは無駄ではない。

海軍も特殊任務を遂行しなければならない。海軍は、敵国民と敵陸軍への補給を遮断する必要がある。会戦での勝敗の決定によって海上での支配権は獲得できるが、これは、前述の目的を達成するためにはまだ十分とはいえない。補給の遮断のためには、特に巡洋艦と補助巡洋艦——それまで商船や客船であったもの――、水中では潜水艦を使った封鎖や通商破壊戦(Handelskreuzerkrieg)が実行される。

ドイツでは、封鎖は国民の飢餓とそれに伴う抵抗力の弱体化につながった。我々の潜水艦は、確かに［敵がもたらしたものと］同等のものを達成したわけではないが、フランスにあった敵部隊へのあらゆる種類の戦争物資の供給やイギリスへの補給を著しく妨害した。それは、鉛の重しのように協商国側の戦争指導、特にイギリスを圧迫する効果をもっていた。総力を挙げた潜水艦戦、すなわち中立の旗を掲げていようとも特定の航行禁止区域で潜水艦が遭遇するあらゆる船舶が沈められるということを禁止しようとする努力は、参戦国の住民への爆弾投下の禁止と同じく、常に信仰にも似た願望でしかないであろう。総力的な戦争指導の要求と、自身の生命を守ろうとする国民の意志は、無制限潜水艦作戦を禁止するという理論上のことでしかない公正な希望に一瞥(いちべつ)も与えない。潜水艦と航空機は、封鎖の形態を変えた。封鎖の本質は、敵国の港に寄港しようとする船舶すべてを、それに関して妨害することにある。以前はこの目的のために、敵国の船舶が当該国の港の前で停泊し、港の封鎖のために遮蔽物や機雷を使っていたが、今ではそれら（寄港しようとする船舶を指す）は潜水艦や航空機によって敵国の港から十分離れることを強いられる。例えば、イギリスは世界大戦で、ドイツの海洋に機雷を設置することの他に、オランダへの輸送に対して船舶検査を実施し、スコットランド北部の先端部より北［の海域］からノルウェーにかけての海を封鎖することで、ドイツに対する［海上］封鎖を実施した。しかしながら、大胆な艦長らによって、この封鎖線は突破されたのであった。

水中での通商破壊戦や海上でのそれは、商船を撃沈することにその本質がある。水中での通商破壊戦は、中立の船舶にも被害が及ぶ。海上での通商破壊戦は、敵国の船舶、および参戦国が使用を禁止し、戦時禁制品として指定したなんらかの商品を運搬している中立国の船舶にのみ向けられている。潜水艦に対しては、高速船艇、機雷を積んだ航空機、あらゆる類の水雷や閉塞物が投入される。すなわちこの通商破壊戦に対しては、巡洋艦や航空機でもって迎え撃つのである。「海上」封鎖やそのようなものとしての通商破壊戦は、昔から存在する戦争手段である。さまざまな国での人口の増大と軍の軍需産業への依存、そして今度は軍需産業の、投入が必要な特定の原材料への依存により、今日において封鎖はかつてよりも効果的となっている。食料や軍用品の欠如によって軍はその気勢を殺がれ、私が説明したように、飢餓によって国民の団結性には破壊的な作用がもたらされる。

軍同士で行われるはずの戦争の叙述は、同時に敵国の住民が計画通りに巻き込まれ、その上、住民が戦争行為の独立した標的として見なされるような戦闘に関する手短な説明へと自ずと移っていった。戦闘それ自体の舞台となる国の住民がかつてない規模で巻き込まれ、そしてまた、参戦国の国民の精神的団結性に対してプロパガンダを投入する必要もあることは、「論旨との」関連性ゆえにここで言及しなければならない。

さらに、特殊とも言える戦いについて考えをめぐらさなければならない。それは「国民戦争

（Volkskrieg）」という戦いである。それは、一八七〇／七一年にパルチザン戦争として登場した。この戦争は、軍の指導によらず、個々の、もしくは参集した愛国心に燃えるフランス人、それも民間人の服装を身に纏い、徽章もつけないフランス人によって行われ、それゆえ国際法の適用を受けていなかった。我々は［第一次世界大戦中に］ベルギーで類似のことを経験した。ここでは特に民間護衛隊（Garde Civique）、すなわちある種の国民軍（Landsturm）が国民戦争の遂行を担っていた。彼らもまた、軍の徽章もつけず、軍によって指導されることもなく現れ、個々のベルギー人から支援をうけていた。ベルギーでの国民戦争は結局、普仏戦争におけるパルチザン戦争と同じ性格を有していた。しかし、この［ベルギーでの］戦争は我が陸軍の兵站線上ではなく、主に進軍地域で行われた。陸上戦の法規と慣習に則った国民戦争も考えられる。世界大戦が示したように、確かにこれらの法規や慣習があまり真剣には捉えられていないにしても。権力政治（Machtpolitik）がここでも、結局何が「法規と慣習」として見なされるのかを決める。しかし例えば、国民戦争が軍事訓練を受け、軍の徽章をつけ、軍の指揮下にある者によって、勝利した陸軍部隊の背後で行われるとすれば、国民戦争は国際法の法規と慣習に適っていることになる。国民の困窮は、そのような国民戦争を要求する。国民が極めて強い精神的団結性を示し、自身の生存維持のために戦う意志があるときにのみ国民戦争は可能となる。ロシアは世界大戦で、ドイツ側でのそのような国民戦争［の可能性］を考慮に入れていたようである。ロシアは、東プロイセンの占領地域から軍役可能なドイツ人男性を送還した。そのこともあって私は一九一四年の秋にもポーゼン城にて、当時ロシアの脅威にさらされていた地域から軍役に適した若者と戦闘可能な男性を［後方へ］送還するように迫られた。勝利を収めた敵が国民戦争を国際法に則っていると見なさない場合、それに関わる地域の住民全体は自ずと極めて深刻な形で国民戦争の巻き添えになる。

軍は多面的であり、その形態や戦争におけるその投入の方法も多様である。勝敗をめぐる軍同士の間の会戦は激しく、長距離の行軍がそれに先行し、後には別の行軍が続く。諸国民は［戦争の］巻き添えを深刻にかつますます受けるようになる。一晩のうちにといっていいほど［短期間に］、諸国民とその中の軍はそれぞれ相応の任務に召集されうる。［そのため、］軍および国民は、自らの内にあって蓄積された力を国民の維持のために投入する準備がいかなる瞬間もできていなければならない。

総力戦の遂行

戦争は宣戦布告によって開始しなければならないと想定するならば、それは誤った見解である。日本は一八九四年に日清戦争を、一九〇四年に日露戦争を中国およびロシアの輸送船や軍艦に対する急襲をもって開始した。イギリスは、ボーア人の領土に義勇軍が侵入したことをもってボーア諸共和国に対する戦争を開始した。一九一四年八月に帝国宰相フォン・ベートマン・ホルヴェーク（von Bethmann Hollweg）がロシアとフランスに対して行った不幸とも言える宣戦布告は、今でも極めて新鮮な記憶として残っている。これにより敵によるプロパガンダに決まり文句を与えてしまい、それを使って敵のプロパガンダは敵国民の精神を強化し、我が国民のそれを弱体化することができた。諸国民は侵略戦争には理解を示さないが、恐らく自身の生存維持のための戦いには理解を示す。諸国民は、宣戦布告の中に攻撃への意志を難なく読み取る。［そのため自国の政府が宣戦布告を行った場合、］彼らは脅かされているとは感じず、国民の精神は彼らの中で活発になりえない。そのため我々においては、「迫り来る戦争の危険」という言葉が、動員命令よりも国民精神をはるかに発露に導いたのである。ドイツ国民の場合においてさらに付け加わったのは、ドイツ陸軍が西部で攻勢をかけ、そのため国民は次のことを一層信じるようになったことである。それは、我々が攻撃的戦争、すなわち国民にとって侵略戦争と同義であり、つまり国民の間で生存を維持するために戦う必要があるという感覚をすぐさま押しのけてしまう戦争を我々が行っているということであった。ドイツ国民は、我々が押しつぶされたくなければ、我々に押し付けられたような防衛戦争を攻撃的に行わなければならないということをあまりにも理解できず、このことに関して軍事的にもまた教育を受けていなかった。それは、総力政治の極めて重大な任務である。すなわち、将帥は、ドイツ国民およびドイツ軍も一九一四年とその後の数年の間にドイツによる宣戦布告によって特に体験しなければならなかったように、戦争指導部と国民が戦争開始直後に並外れた損害を、宣戦布告によって［だけ］ではなく、国民の啓蒙不足によっても被るということに注意しなければならない。生存の維持がかかっているという確信をもつときにのみ国民とその国民一人ひとりは戦争指導を全力で支援するゆえに、将帥が前記のように注意を払うことは一層必要となる。それについてはすでに指摘したところである。

ある国が戦争を行う決定を下すことをもって、この戦争を指揮することになる兵士（将帥のことを指す）へ軍、経済、国民を提供することが始まる。この提供——動員——は、慎重に検討され、細部まで正確に遂行される規定および事前準備にしたがって実行に移される。ところで、これらの規定や事前準備は平時に作成および実行され、毎年更新される。これについては、私の著作『私の軍事履歴（„Mein militärischer Werdegang“）』（München, 1933.）の中で記したが、［そこでの記述は、］主に軍事動員について、または、全予備役人員の召集、馬の徴集、平時に存在している部隊の戦時体制への移行、平時に存在していない戦時部隊の新設、要塞の武装化、国内での補充兵の応召やその訓練を担当する官庁の設立といったことを扱っていた、軍事動員の事前準備についてのみであった。それ（記述対象が前述のものに限定されていたことを指す）は私の当時の立場に起因していた。今日の事前準備は前章で説明したような軍部隊すべてに及ぶのみならず、同様に財政や経済領域を包括的に扱い、また国民の生活と国民への補給にまでも及ぶ。またそれは、第二章（「国民の精神的団結性――総力戦の基礎」を論じた章を指す）で私が説明したように、国民の精神的団結性の維持のための指針を規定する。陸軍の中にいようが、国民の中にいようが、とにかく一人残らずドイツ人の肉体的、精神的力を戦争遂行のために供与しなければならないことに変わりはない。これに対して、国民精神が国民を維持するという意志をもって戦争開始直後に――それがまだ可能である場合に――見せる反応は重大な意味をもつ。それは、「不満分子」に活動の余地がないことを示すか、もしくは彼らに活動への呼びかけを行うことになりうる。［そして］それは、破壊分子もまた動員後すぐに陸軍に入隊するかどうかを将帥に示すであろう。将帥にとって、どれほどの数の応召義務者が実際に召集に応じるかということがある程度の尺度となるであろう。しかしながら、「不満分子」が軍に意図的に押し寄せることも考えられる。だが、これは比較的可能性が低く、むしろ彼らは軍の背後で活動するであろう。［その証拠として、］敵が一九一四年に社会民主主義［者］によって我々のところでサボタージュが起きることをどれほど見込んでいたか、実際にそれが起きなかったときに敵がどれほど落胆していたか、そして、再び「ドイツの労働者には期待できる」とすでに一九一五年にどれほど歓喜しながら声明を出すことができたかを思い出していただきたい。

戦争への最終決定が下されてから数時間後にはすでに、大規模な航空戦力部隊、騎兵師団、自動車化部隊、陸軍のさまざまな部隊、軽装備の海軍部隊、そしてその際には通商破壊戦のための艦船は、戦争準備態勢を完了しているであろう。続いてすぐさま、軍の残りの部隊も動員を終える。陸軍のさらなる部隊、残りの航空戦力、そして艦隊は動員二日目で、そして平時に存在しているすべての部隊と平時陸軍の補充のために必要な部隊は動員三日目から五日目までにそれぞれの駐屯地で戦争準備を終え、予備役部隊、郷土防衛軍や国民軍（Landsturm）の部隊、攻城部隊や兵站部隊などは何日か後に戦争準備を整えるであろう。それと時を同じくして、補充部隊のための基幹部隊が設立を完了させているであろう。[27]

空軍が早期に準備を終えることに対応して、戦争［開始］の決定、すなわち動員発令の数時間後に対空防衛が、そして防空連絡網が機能し始めなくてはならず、国境での敵戦力の素早い準備に対応して国境防衛が構築されていなければならない。［そして、］敵軍艦が海岸へ早期に出現する恐れがあるために海岸と軍港が守られ、海岸と航行路に対して戦争標識も設置されていなければ

27　この数字は、単に過去［の事実］からとってきている。平時の基幹部隊が強力であればあるほど、平時に存在している部隊の動員は素早く完了できる。フランスは平時陸軍の準備を極めて短期間に行おうとしている。

ばならない。

フランスがさらに国境を要塞による封鎖線で堅固としたことを除いても、山脈沿いに国境をもったイタリアやフランスのような国家にとっては、地理的に有利な国境形成のため、国境防衛に向けた措置をとることは容易である。それに対して敵国に囲まれた国にとっては、そもそもの戦争行為が始まる前に国境を敵の企てから実際に守ることは甚だ難しい。これは、その国にとってしばしば全く解決不可能な課題である。それを行おうとすれば力の分散につながり、それは致命的な作用を容易にもたらすであろう。例えば、ドイツ最高軍司令部は一九一四年に、東プロイセン州の南東地域を実際に防衛することができなかった。敵がここに動員の最初の数日間に侵入しなかったのは、［ドイツの］防衛措置ではなく、単に敵の不作為のおかげである。場合によっては全イギリス艦隊の支援をうけた軽装備のイギリス海上戦力が北海に現れて、当地にあるドイツの港を封鎖しなかったとしても、それは同じようにそのような不作為に帰されねばならない。

戦争の重大な事前準備には、行軍、すなわち準備が整った、動員済みの軍を敵に対して使用するための事前準備が含まれる。国境防衛の構築の際にすでに説明したが、例えばフランスやベルギー、イギリスに一九一四年時点で許されていたように戦争を一方面にのみ展開することが問題となっているときには、軍の戦力配分を大まかに決めることは、行軍に関しても容易となる。ドイツに対する全軍の投入［という選択］は、これらの国家にとって自然と生じたものであった。イギリス陸軍の投入がドイツ陸軍を壊滅的に叩くという考えと結びついていたことは、当然であった。イギリスやフランスがドイツ艦隊も壊滅的に叩くために、その海軍力を投入しなかったことは、敵の戦争指導の中で私にとって理解しがたい過ちであった。

ロシアにとっても、ロシア西部の戦線で全戦力を使用することは、敵戦力を殲滅するという考えと同様に至極当然であった。ロシアが戦力の重点をオーストリア・ハンガリーに対して投入し、最も危険な敵であるドイツにロシアの同盟国と同様には戦力の重点を投入せずに、さらに、バルト海の戦力をその際にまとめて投入しなかったことは、極めて理解に苦しむ。

ドイツとオーストリア・ハンガリーはより厳しい状況にあった。ドイツ最高軍司令部は次のことの中に、自身に課せられた問題の解決策を見出した。それは、東部ではロシアに対して極めて少ない戦力のみを残し、イギリス陸軍にも打撃を与えなければならない方面でベルギーとフランスに対して主力を投入することであった。但し、ドイツ最高軍司令部が戦争の勝敗の決定のために西部の敵に対して艦隊も投入することを決断しなかったことは、私にとってイギリス艦隊の行動と同様に不可解なものでしかなかった。上層部からの厳格で一貫した指示が欠けていたことに対しては、後から報いが訪れたが、それについては後ほど述べることにする。

オーストリア・ハンガリーは主要部隊をもってガリツィア地方（Galizien）に兵を進めたが、セルビアに対して過度に強大な戦力を使用していた。オーストリア・ハンガリーはここで、迅速に成功を収め、さらにここで勝利した部隊を機を逸せずにロシアに対して使用するという望みを抱いていた。しかし、勝利は得られず、［加えて］ハンガリーの鉄道の［運搬］能力があまりにも低すぎたことから、オーストリア・ハンガリーが決定的な勝敗を模索した方面、すなわちロシアに対してオーストリア・ハンガリーの部隊は不足していたのであった。

進軍指示によって軍の戦争準備を整えるためには、外交情勢を十分に評価し、敵側の状況と敵がもつすべての可能性を慎重に検討し、また戦場の地理的条件を調査し、自軍について極めて明瞭に理解していることが要求される。

スイスのような国家が軍を国境防衛にしか投入できないとすれば、そのような国家の戦争指導を取り巻く状況は好ましくない。総力戦の遂行は敵への攻撃を要求している。例えば、スイスが自衛行動をとる場合には、スイスはどこか他の強国が敵への攻撃を引き受けることを期待しているのである。それゆえ、戦争の本質がスイスという事例によって変わることは決してない。

一九一四年におけるドイツ最高軍司令部のように、地理的に不利な位置にあるたいていの国家の戦争指導者は、進軍の形態について次の問いを自身に投げかける必要がある。それは、複数の敵のうち、どの敵の敗北に戦争の勝敗の決定が懸かっており、それによって通常どの敵が概して「最も危険な敵」であるのかという問いである。部隊を会戦へ投入する際に、敵の弱点への攻撃によってその敵に対する勝利をもたらすような重点を作り出すことが指導者の技術であるように、この重点を形成するための準備として、進軍の際には一層、「最も危険」であろうと思われる敵に対して全軍の重点を置かなければならない。それに際しては、戦争を敵国内で行えるように努力しなければならない。［「最も危険」と思われる敵とは］別の敵もしくは敵［諸国］に対しては、これらの敵国が決定的となる戦争行為に影響を与えないように、わずかな部隊しか投入する必要はない。これらの考えを明瞭に示すために、私がオーストリア・ハンガリー陸軍の戦争指導との関連の中で、数的優位にあるロシアの戦力を一九一四年八月末から十一月にかけて東部で引きとめ、それによってドイツ最高軍司令部に西部での作戦行動実施のための機会を与えたことを思い出していただきたい。最高軍司令部による西部での作戦行動が実際以上にうまく行われなかったことは、東部での作戦を通して西部における戦争遂行のための時間を最高軍司令部に与えるという任務の完遂とはなんら関係がない。国土が特に不利な地理的状況にある場合、将帥はもしかすると、国内の陸軍部隊を好都合な鉄道線上に留め置き、状況が明らかになり始めるや、さまざまな場所で投入することも行うかもしれない。しかし、それによって、初めからすべての戦力を敵に対して対峙させるという原則が損なわれることがあってはならない。どのような将帥であっても、そのような不利な地理的状況において、自国を戦争の恐怖から守ることは決して考えられないであろう。一九一四年でさえ、また東部において自国を戦争の恐怖から守ることはできなかった。ここでは［自国の］保護は、タンネンベルクとマズーリ湖（die masurischen Seen）での会戦によって初めて可能となった。自国保護の努力は、進軍［計画］の作成の際に戦力の細分化に決してつながってはならない。一九一四年八月末に最高軍司令部が東プロイセンからロシア人を駆逐しようとしたことは、［西部での］作戦期間中にすでに二個軍団の東部派遣へとつながり、その二個軍団は［西部における］マルヌ川での決定的な会戦に参加できなかった。国土を敵に任せなければならないとすれば、動員の際に、兵役可能な男性と戦争遂行にとって価値のある物を［後方へ］送還するための措置をとる必要がある。国民戦争の火を燃え上がらせる意図があるならば、そのためには動員にも似た形で措置を講じ、訓練を受けた者を［被占領地域に］留めておかなければならない。

陳腐なものを除けば、進軍のための処方箋は存在しない。勝敗が模索されるところにおいては、戦力が十分すぎるということはない。他の［敵］部隊に対しては、必要最小限の戦力を投入するだけでよい。冷徹な意志をもって、初めから「伝家の宝刀」をも抜かなければならない。強固な意志がなければ、認識しているにもかかわらず差し迫る多くの可能性に目をつぶり、それらの可能性への考えられうる対処の仕方を戦争の現実に委ねてしまうことはできない。

戦争の最初の勝敗を軍の重点をもって模索することを戦争指導部が決定した箇所では、決定的な方面に向けて攻撃するために部隊を集結させなければならない。その他の戦場では任務はよりさまざまな形で遂行されるように思われる。私は一九一四年、タンネンベルクとマズーリ湖で勝利することによってこの任務を果たしたが、この勝利は敵側の弱点を利用することにより可能であった。この弱点が存在していなかったとすれば、場合によっては特に同地での堡塁に支えられたヴァイクセル線での防衛と、遅滞戦闘を交えたヴァイクセル線への退却も可能性として挙がっていたかもしれない。[28] 任務の遂行方法に関する指示が進軍指示の中で将帥によって当初から与えられることは決してないであろう。任務それ自体しか、明瞭に定められない。

進軍指示が進軍のみを規定するということは極めて真摯(しんし)に守られなくてはならない。進軍指示の中では、進軍地域での部隊の集結形態を通して後の作戦行動について考慮していなければならないが、敵に関する最初の報告を受けた後にまでいたる作戦進行に関する計画を決して確定してはならない。敵に関する最初の報告をもって机上の考察は終わり、戦争の厳しい現実が始まる。そして、戦争の現実は計画の［そのままの］遂行を許さず、その代わりに、存在している敵の弱点を利用することを要求する。その弱点が想定されている方面にあるならば、それは確かに好ましいが、個々の点にいたるまで進軍［計画］策定時の想定通りに敵が動くであろうと見込みを立てることはできない。そのため、指導部は現時点で蓋然性の高い敵の状況を考慮した計画に縛られてはならず、指導者の意志が、報告［内容］から浮かび上がる現実［の状況］に応じて、決定的な場所での敵の殲滅や、指導者に課された任務の遂行につながる行動を導かなければならない。将軍フォン・シュリーフェン伯爵のフランスへの進軍計画は一九〇四／〇五年［の状況］に

28　これは私にとって一九一四年八月時点で検討の対象にならなかったとはっきり強調しておくが、これはベルリン大学正教授ヴァルター・エルツェ（Walter Elze）氏のような歴史家に、私に関する新たな虚偽を広めるきっかけを与えないためである〈訳者注・ヴァルター・エルツェは、歴史家、戦争史家。その著書にタンネンベルク会戦および第一次世界大戦における戦略を検討したものがある〉。

は見事に適っていたが、フランス軍が強大な戦力でもってロレーヌ地方に侵入してくることが確実に予想できた一九一四年には、適切ではなくなっていた。フォン・モルトケ（von Moltke）将軍（小モルトケを指す）は同計画に変更を加えたが、ディーデンホーフェン（Diedenhofen）（現フランス領ティオンヴィル［Thionville］）を転回点として陸軍を左に旋回させることによって、そこで敵と衝突し、敵の左翼を包囲しつつ会戦を強い、その会戦の経過の中で敵を攻撃によって殲滅し、それによって敵陸軍の他の部分も徐々に殲滅されるという想定の下で勝利を得ようとするシュリーフェン計画から完全に自由になることはできなかった。それによって、敵が別の場所で実際に見せた弱点を利用できなかった。［戦争］指導部は揺れ動いた。指導者ともあろう者が別の指導者の計画を自家薬籠中の物にできないまま実行に移すことは、全くもってあるまじきことである。しかし、それについては次の章で述べることにする。

戦争指導部が優位にある艦隊を保有しているならば、この艦隊を会戦での勝敗を決するために、最初に遭遇する敵に対して投じることは［陸上戦と］同じように容易である。この優位性が存在せず、劣勢が明らかに存在しているならば、この劣勢［にある部隊］を優位［にある部隊］の前に出して敗れてしまうことはあまり実用的ではない。陸上で勝敗が模索できないところでは、［戦闘を］回避するような遅滞作戦が採られなければならないように、海上で劣勢にある場合には、そこでも同様のことがいえる。どのように敵海上戦力を弱体化させるかといった処方箋は、ここでも存在しない。なぜならば、部分的な成功をもって敵を弱体化させるために、どのような機会が敵によって提供されるのか誰にもわからないからであり、この機会は当然利用しなければならないからである。海上戦力の計画通りの投入は、いかなる場合においても一国の戦争指導全体の考えに従っている必要がある。行動全体の枠組みの中で、水上や水中での通商破壊戦をすぐさま開始することを予定し、遭遇するあらゆる船舶が中立国のそれも含めて沈められうる特別航行禁止区域を敵国海岸付近で設定しなければならないであろう。

空軍についても、事情は異なっているわけではない。戦争開始直後から直接、陸軍や海軍の一部となる部隊については「ここでは」述べない。私は、制空権を得るために、計画的で、一貫して投入されることになっている空軍の大多数を念頭においている。戦略的勝敗の決定がまず模索されているところで、制空権を得なければならない。陸軍と同様、進軍指示によって空軍を配備し、その際には陸上、そして場合によってはまた海上の関係指導者に限って、彼らの指揮下に置くことができる。さもなければ「空軍の」行動の一体性は保証されず、この一体性こそが決定的に重要となる。

そのため、進軍指示は戦争行為の基礎として決定的な使命を果たさなければならない。かつて「大」モルトケ（Moltke）は、進軍時の過ちは戦争全体の経過の中で埋め合わせることはできないと述べた。これは、鉄道網が戦略的な観点の下で大規模な拡大を見せた時代では、その意味を一部分、ただし、ただ一部分においてのみ失ったにすぎない。

「味方の進軍のために」下された措置を予想される敵の措置と紙の上で突き合わせ、指導者の決定によって敵味方両者の戦争行為を［机上で］実施に移すことで、進軍のために下された指示が適切であるか否かを特別な研究によって検証してみることは平時には十分であろう。ここでそれ相応の洞察を得て、現実がもつ可能性に対する眼差しを磨くことも可能であるが、そのような理論的体験の魅力に囚われるあまり、結局、戦争指導部がある「特定の計画」を敵に対して推し進めるようなことがあってはならない。

部隊が準備を終えるのに伴い、それを敵へ投入する可能性が生じる。一秒たりとも［この部隊の投入を］躊躇してはならない。それによって、敵対行動は戦争への決定とともに、そして陸軍が進軍指示に従って鉄道を使った進軍運動を行う前に始まる。国境では「偶発的な小銃の発砲が起きる」であろうし、敵国の一部が無防備になっていたり、そのように見えたりする場合、平時にすでに国境に配備されている自動車化部隊や騎兵師団は敵国に侵入しようと試みるであろう。それでもそのような投入は、著しい失敗ともなる可能性がある。[29] 近海では、偵察に派遣された敵味方両者の艦艇が砲弾を交えたり、戦闘を行ったりするであろう。遠洋では、通商破壊戦が海上や海中で始まることになる。海上封鎖を開始することもある。空軍は、陸や海の上空で偵察任務を開始するであろう。

戦争行為の重点は今や、敵上空における制空権を獲得したり、鉄道や行軍による敵の進軍行動

29　例えば、一九一四年にロシア軍の騎兵師団が東プロイセンへと侵入することは考えられると想定されていた。［結局］彼らは、我々の願い通りには動いてくれなかったのであった。

を妨げたり、また飛行場を狙ったりすることを目的として、統合された空軍を投入することにある。その結果、空中戦が行われる。これに付随する任務を遂行する際に、進軍上に位置する敵国領域の住民が巻き込まれることは確かである。敵地に位置する重要な産業都市や施設、発電所、政府所在地を爆撃するためにどれほどの航空戦力を投入するかについて、確かなことは定まっていないが、それで良しとしなければならない。

空軍の投入に続いて、艦隊が会戦での決着を目的として戦争開始後の四八時間後には、また場合によってはそれよりも早くに戦時兵力で出港し、あるいは、進軍指令の中で与えられ、海上での大戦闘にもつながることが予想される任務の遂行を目的として艦隊が集結することになる。この［海上での］戦闘は、ますます有効になりつつある水上や水中での通商破壊戦および封鎖と並んで行われる。

陸軍の移動は、後になってからでも開始できる。大軍は、国境までいわば飛ぶように移動することはできない。彼らは大部分、慎重な準備を経た大規模な鉄道輸送によって、国土の内部から投入場所となる国境にまで移動させなければならない。自動車は、このための選択肢とはならない。[30] 世界大戦では、動員開始から作戦の開始まで約一四日もの間待つことを余儀なくされた。

30　自動車道と自動車によって、鉄道が進軍にとって有する重要性が失われたと夢見ることは危険である。場合によっては機関銃や弾薬を備えた部隊の輸送だけが問題となるわけではない。［軍を］戦闘に投入するためには、あらゆる兵科が［付随する兵器も含めて］一体となった陸軍部隊が必要となる。しかし、これをそのように〈訳この日数は、今では短縮されているかもしれない。進軍行動の終了を待って初めて、戦争行為は大部分において開始されるであろう。これによって、艦隊の戦争行為の開始と同じように、空軍は陸軍や海軍と極めて直接的な関係をもつようになる。

私が『ドイツの地における世界大戦の脅威（„Weltkrieg droht auf Deutschem Boden"）』（München, 1930.）の中である特定の戦争状況を想定していたように戦争の経過についてのイメージを与えることは、ここでは私の使命とは考えていない。ここではただ一般的な考察を記すにとどめ、ある特定の場合に実際にとられうる戦争行為がどのように推移するかについて思考をめぐらせることは、読者に委ねる。戦争の第二週目が終わるころには、戦争行為がすべての戦場で順調に行われていることに疑問の余地はない。それは、勝敗を決するために敵味方両者が戦うか、一方の側のみが勝敗の決着を求め、［他方の］敵がそれを避けているかによってさまざまな形をとる。兵力数はさまざまであろうとも、軍はいたるところで対峙するであろう。

［戦争行動の］開始を告げる陸軍の移動や防衛措置に続いてすぐに地上戦が行われる。

両者が勝敗の決着を求める戦場では、私が前章で展開した基本原則にしたがって、何百キロメー

注・自動車によってという意味〉輸送することはできない。［ただし、］輸送用自動車および自動車道は、別の状況、例えば、局所的な突破を行ったり不意をついて出現したりする敵を撃退するための防衛において、すなわち、局所的な措置のためにも行う機動的な防衛にとって重要である。

トルにもわたる極めて幅広い前線における人的戦力と火力の法外な投入の下、何日にもわたって会戦は行われる。[31]場合によっては、この会戦に先立って、自動車化された陸軍部隊や騎兵師団による戦闘が陸軍の移動中に前線前方または外翼付近で行われ、そしてその箇所でこの会戦に並行して［も］行われるであろう。

ドイツ最高軍司令部［だけでなく］、しかしまた我々の敵も初期の作戦とそれから生じる会戦から期待したように、相応の場所で会戦に実際に決着をつけ、それを追撃によって戦争での勝利へとつなげていくことに実際に成功するとすれば、それができるのは恐らく勝利した国民と陸軍であり、敵の戦力を打ち負かすことだけが重要である場合には、とりわけその通りであろう。しかしながら、陸上の大衆軍（Massenaufgebote）、打ちのめされた陸軍の背後にいる補充部隊の規模、陸軍部隊の移動と集合を容易ならしめている張り巡らされた鉄道網を鑑みると、戦争の決着が最初の会戦で得られることはほとんどないであろう。敵一国を打倒することだけが問題となっているときでさえ、しかし、私が以下で想定するように、［さまざまな］敵を次々と屈服させなければならない場合は特に、戦争は会戦を無事に勝利で終えた後も引き続き行われるであろう。

敵が望んでいる決定的な会戦を避けることで、この敵に対して広大な前線にわたって、遅滞戦

31　一九一四年八月には、先立って行われた戦闘ののちに、二〇日から二四日にかけて長い前線全体にわたって戦闘が行われたのであった。戦闘は継続し、九月九日にそれは災いに満ちた形で最高潮に達した〈訳者注・マルヌ会戦を指す〉。戦闘が行われていた前線の幅は、三〇〇キロメートル以上にもなっていた。

闘を――自動車化された陸軍部隊も使うことで――行い、防衛戦をとることができる。しかし、私が一九一四年八月に東プロイセンの「副戦場」に位置するタンネンベルクでの戦いで勝ち取ったように、攻撃による勝利は極めて有効な戦争手段であり、［今後も］そうあり続ける。退却行動は往々にして戦術的な勝敗の決着によって強いられた形で開始されるため、それを行うことにいくらか躊躇（ためら）いが伴うことは理解できる。しかし、退却行動が、指導部を信頼し、その確かな統制の下にある部隊によって行われ、そして拙速に行うことなく、準備した上で開始される場合には、陸軍が団結性を危険にさらすことなく、退却行動も乗り切［れ］るということが戦争体験によって再び示された。結局、陸上でも、戦闘部隊が戦闘での勝利の後にも基地にまで退却行動をとる空中や海上となんら変わりはない。これによって、次のことが変わることはない。それは、陸上での退却が広い地域を放棄することになるために、戦争指導の遂行にとって決定的な重要性を帯びる可能性をもっているということである。

［まだ］完全に敗れたわけではない敵を再度叩くべきであれ、これまで遭遇しなかった次の敵を叩くべきであれ、常に次のことが重要である。それは、戦力の集中によってその敵に対して戦争行為の新たな重点を形成し、それによって行動の原則を守り、長距離の移動により大軍を再度敵に接近させ、優位な戦力をもって敵が見せる弱点を利用し、その際に流血を伴う新たな会戦において決定的な方面で敵を叩き、そして、それと同時に敵の意志に、それも防衛しようとするだけでなく勝利しようとし、そのために多彩な措置をとる敵の意志に対抗することである。戦争指導

者の果断な意志決定と機動性は戦争遂行の特徴であろう。機動性だけで劣勢を補うことは可能である。ここではまたしても、鉄道が戦争遂行にとっての旧来の重要性をいまだ保持している。

一九一四年には、劣勢であった戦力をもって西部戦線で敵に勝利するというドイツ最高軍司令部の望みは満たされることなく終わった。ドイツ最高軍司令部はその時機が訪れていたにもかかわらず、戦争指導に新たな重点を与えることに、すなわち一九一四年十一月にロシアに対して戦争の勝敗をつけることに踏み切ることができなかった。［その決定がなされていれば、］鉄道を経由して西部から東部へと部隊を大量に移動させることは、一九一四年秋にはすでに行われていたであろう。どのようにして私が、東部において八月には最初の敵陸軍をタンネンベルクの戦いで、そして九月には次の敵陸軍をマズーリ湖での会戦で粉砕できたのかを思い出していただきたい。そしてどのようにしてその後鉄道を使って陸軍を上シュレジエン（Oberschlesien）地方に移動させて、激しく消耗されたオーストリア陸軍を再びサン川（Der San）とヴァイクセル川に向かって進軍させたか、どのようにしてこの進軍において敵戦力を叩いたか、どのようにしてロシア軍に対してサン川とヴァイクセル川、ワルシャワの南部で抗戦し、結局、敵の強力な優位性のために上シュレジエン国境に向かって撤退したか、どのようにしてこの撤退をうけて、再び鉄道を使って部隊をグネーゼン（Gnesen）（現ポーランド領グニエズノ［Gniezno］）、ホーエンザルツァ（Hohensalza）（現ポーランド領イノヴロツワフ［Inowrocław］）、トルンへと移動させ、同様に鉄道で同地まで移動した東プロイセンからの第八軍の一部と共同で、敵陸軍部隊――この部隊によって以前、退却を余儀なくされていた――の右側面を攻撃することになったか［を思い出していただきたい］。フリードリヒ大王は、一七五七年十一月五日、メルゼブルク（Mersebug）近郊のロスバッハ（Roßbach）で、十二月五日にはブレスラウ（Breslau）（現ポーランド領ヴロツワフ［Wrocław］）西部のロイテン（Leuthen）で会戦を行った。

これらすべてを書き連ねることは容易である。敵が再び発砲しないとすれば敵への攻撃が容易となるように、敵が自分の身を差し出したり、もしくは味方が大きな優位性を有したりしている場合に敵を打ち破ることは容易であろう。しかし、そのような局面が生じることはないであろう。そのときでさえ、敵の行動は闇の中にある。敵を別の場所で打ち破らなければならない場合、［それとは別の場所で戦力が手薄になるという自身の］弱点は甘受しなければならないであろう。敵はこの弱点を、自身の弱点が［相手側に］利用されるのと同様に利用することができる。行動の原則を心得ている者は、敵方の弱点の利用に長けている。ある場所での決定的な勝利は、敵が別の場所で意図していたように［相手方の］弱点を利用することを妨げることになる。将軍フォン・シュリーフェン伯爵の進軍計画の中で、ザールブリュッケン（Saarbrücken）付近でのドイツ陸軍側の左翼がその脆弱性ゆえに、大きく優位にあったフランス戦力に押し込められていたならば――優位なフランス軍が、一九一四年に実際にドイツ陸軍の左翼に対して投入されていた――、ドイツ陸軍右翼での後の成功はもはや影響力をもっていなかったであろう。

総力戦が行われる際には戦争行為や会戦が連なり、状況によっては、戦力を集結させるために大なり小なりの休止がはさまれるであろう。ともすれば再び戦争は、揺さぶりをかけることも包囲もできない、長く延びきった前線での塹壕戦となり果て、結局戦争は、この場合には、軍を打ち倒すことによってではなく、参戦国の国民が崩壊することによって終結にいたるかもしれない。

行軍や会戦を通して部隊は通常にはないほどの肉体的、精神的な消耗を強いられる。敗北は「士気を」押し下げ、勝利はただ一時的に「士気を」押し上げる作用をもつ。死者や負傷者は戦列を離れる。補充兵は到着するが、彼らは生き残った者と戦友意識で密接に結びついているわけではない。補充兵が実際に正しい精神的な強靱さを保持していた場合でさえも、二つの世界が古参の戦闘員と若い補充兵との間で対峙することになる。すべての戦闘員が、永久に続く国民の生存維持にとって戦争が有している重要性を知り、それを繰り返し思い起こし、日々の困窮を乗り越えて英雄的行動をとることができるかどうかが今や重要となる。ここでは、下士官であれ将校であれ、それぞれがその枠の範囲内において兵員の指導者であり、機械的な規律に加えて、軍を決して打ちひしがれた状態にさせない戦闘ないし服従への心の底からの意志が表れることが示されるであろう。遅くともその時点で国民の精神的な強さが軍に影響を及ぼすが、それは同様に、陸軍と国民との間の密接な交流によって生じる。

陸上、空中、海上での戦争行為の開始時点ですでに、軍部隊では食料品、飼料、燃料が継続的に使われるようになる。それらは銃後から陸軍に供給されねばならず、場合によっては占領地域がその供給を担う。それは、全戦争期間にわたって引き続き行われる。最初の会戦とそれに続く会戦の後には、銃後からの人員、弾薬、あらゆる軍用品といったものの補充を陸軍部隊に対して行わなければならない、すなわち陸上で輸送する必要が生じてくる。負傷者と破損した軍用品は［後方へ］送還される。後方へ向かう陸軍の経路、陸軍と銃後の間の兵站ルートでは活発な活動が生まれる。陸軍が自国領域内で戦っているならば、陸軍、銃後、住民の間の接触は、自国領内の軍港や航空基地での、それら軍港や航空基地に依存している軍部隊、銃後、国民の間の［関係の］ように直接的なものである。

軍の補充部隊は動員令発令後、すぐさまその編制を終えた。それらには訓練された部隊が一部配属されたが、大部分は、兵役義務があっても平時に訓練を受けていなかった年次の非訓練者であった。補充兵の訓練は始まった。召集によって、新しい補充兵の供給は担保される。歩兵訓練は難しいとはいえ、他の兵科のそれと比較すると結局のところ、最も易しい。歩兵の損失が最も大きいとしても、その補充は少なくとも当面は可能である。すなわち、軍のこの核となる部分は、兵力数の点では当面は維持することができる。世界大戦中のドイツがその最たる例であるが、［歩兵の］補充が不足するとき、初めて戦力は低下する。より難しいのは、兵器の操作が必要となる点において、他の兵科での新兵訓練である。空軍の補充は特に困難であろう。なぜならば、航空機が打ち落とされる場合、搭乗員全員が通常は［戦線から］離脱することになるからである。

人員の調達に劣らず困難なことは、あらゆる種類の軍用品の調達である。補充部隊が設立され、活動を開始するのと同様に、産業界全体も軍需労働に向けての態勢を整えた。産業界は今や膨大な量の弾薬を供給する必要があり、平時に在庫が少ないほど、それは早急に供給されねばならない。平時と同じ品質、信頼性の弾薬が製造されるかどうかはわからない。同様のことが別の軍用品、例えば機関銃や砲の生産についても当てはまる。軍用品の生産は時間、それも多くの時間を要する。戦場から送り返されてきた破損した物資を修理することは一朝一夕では行えない。さらに困難で、時間を要するのは、エンジンを含む航空機や戦車、軍艦の補充である。

破損している航空機は墜落する、少なくともたいていは。新しい搭乗員を訓練しなければならないのと同様に、新しい航空機の生産は困難である。装甲車両においても似た状況である。戦争中においては沈んだ軍艦の代替艦は建造することができず、それが可能なのは小型の艦艇の場合にとどまる。損傷の激しい艦船を造船所で修理するには時間を要する。火力が一隻の軍艦に著しく集中している場合、そのような軍艦の「戦線」離脱は、通常の物資の欠乏が陸軍に対して与えるのとは全く異なり、艦隊の戦力を直撃する。戦争開始時の航空戦力と艦隊戦力を戦争の経過の中で維持することは困難であり、銃後の国民が極めて献身的に軍のために奉仕しているときでさえ、戦力の維持は困難である。世界大戦のように機を逸してしまったことを後から挽回するのではなく、能力を最大限に発揮し続けることが重要なのである。

動員令の発令とともに銃後では、国民の生活と経済の進展を統制し、国民の団結性を維持し、「不満分子」の扇動を排除することを目的とした財政、経済、国内政治上の対策が実行に移される。私が「経済と総力戦」の章で示唆したように、これらの対策を実行することで、銃後では国民と陸軍へ「物資」供給を行うための活動が始まる。この点に関して何を達成でき、何が達成されないかはそこで描かれる状況次第である。それは例えば、土地のどのような耕作が可能であるか、土地にどのように肥料をまくことができるか、どれほど自国領内と占領地域に天然資源が眠っており、それが外国から輸入されるか、天然資源や重要な産業施設を有した地域が敵に渡ってしまったり、これらが敵の航空機による攻撃で破壊されてしまったりしたかどうか、十分な労働力が確保できるかどうか、その労働者の精神状態はどうであるかといったことである。それらすべての点を除いて考えたとしても、戦争が長引くほど経済状況の確立が一層難しくなり、国民や陸軍のための需要を満たす可能性が一層低くなるということは、今や恐らくあらゆる国家で見られるであろう。ただし、参戦国がとりわけ好都合な地理的状況に位置し、世界大戦中に、それもアメリカ参戦以前にも同国から物資供給を受けていたイギリス、フランス、イタリアのように、いわゆる中立国から供給を受けている場合は別である。それ以外の場合には、とてつもない精神的な要求が参戦国の国民に対して生じ、それは、食料品と衣服がますます欠如するようになり、軍における軍用品の欠如に関する情報がもたらされることによって高まるのである。

さらに次なることが生じる。それは、戦争が継続し、困窮が増大するにつれ、住民の不安は増し、参戦国の国民同胞の精神は前線での戦争それ自体によっても厳しい試練にさらされるということである。すでに初期の会戦の後には、国民は軍の損失を通じて被害を受けるであろう。勝利は、［士気を］押し下げる作用をもつ悲しみが表に出てこないようにさせるであろう。それに対して敗北は、死者や負傷者といった戦闘での損失に関する報道と結びついて、［士気を］押し下げる効果をもたらす。これに加えて、会戦が行われる領域の国民の側では、住民が戦闘に直接巻き込まれることで大きな苦難を背負うことになる。住民は自国の中心部へと避難し、そこで深刻な不安を惹起する。その不安は、占領地域の国民同胞の運命に関する不確実性によって深められる。［さらに、］その不安は、戦いが行われている前線よりはるか後方での航空機攻撃による住民の損害や、状況によっては深刻化する飢餓のために、より一般的なものとなる。そのような影響の下で精神的団結性が損なわれないようにするためには、国民が強力な精神的団結性をもつ必要がある。国民の間でそのようにして生じた極限の苦しみの中で国民精神が強く表れ、国民へ正しく作用することによってのみ、団結性は保たれ、それはさらに密なものになりうる。

参戦している当事国の側での軍事状況と国民が有する精神的団結性がおおよそ一致しているならば、国内の状況をどのように組織していくかは、まだ戦争指導に影響を及ぼすことはない。前線での敗北や国内の「不満分子」の活動の結果、国民の団結性が損なわれ、そして、勝利国の戦争指導部が手持ちの手段をもって、前線で会戦の勝利を得るのと並行して敵国の経済と国民に攻撃を加えようとする場合、状況は異なってくる。ここで、天候に妨げられる場合を除いて爆撃航空団を引き続き容赦なく、――経済と国民に対して投入する時機が訪れる。戦争終結を早めることによって自国民を維持し、自国民と陸軍の人命を守ることが重要である。

そのような絶え間ない攻撃が効果を発揮することで、劣勢に立たされた側では国民の団結性に対する要求は一層大きくなる。「不満分子」は、国民を破壊する策動を引き続き行うための機会をさらに得ることになる。平時から行われ、戦争の［開始］初日から投入されるプロパガンダが、敵国民の間で破壊的な力をもって効果を発揮する時機もここで到来したのである。ドイツ陸軍が敵に対してまだ勝利を収めていたときに、ドイツ国民に対して何かがまだ敵のプロパガンダによって語られていなかったであろうか。我々の側にいて、敵のプロパガンダの加担者であった「不満分子」はそれをどのように受けとめたのか。「融和と理解」という平和の音色は、ローマ［教会］、ユダヤ人、フリーメイソンのあらゆる紙面から聞こえてきた。同様のささやきが、陰口を伴って多くの経路から国民の中に浸透していった。すべては、敵が戦争の勝者となったときに一斉に鳴り止んだ。どのような「自由」、どのような「幸福」が革命の間、国民に信じ込ませられていたか。自由と幸福は、広範な国民層をさらに奴隷化し、彼らに略奪行為を働くことにその本質をもっていた。以前の約束は、恥じらいからもはや語られなくなった。プロパガンダはその役目を果たし、短命で、カゲロウとして露命をつないでいる国民は、それ以上何も考えをめぐらさなかった。すでに説明したように、そのようにしてドイツ国民の団結性は決定的に失われ、そこで今や、陸軍も解体され、重大な経験が捨て去られるということが起きえたのであった。

来るべき総力戦でのプロパガンダは、似たように諸国民にとって耳あたりのよいことを語るであろう。敵国民の間に存在する風潮、希望、願望、政府や戦争に対する精神的な態度を慎重に研究することは、プロパガンダが作用する前提である。国民の団結性が崩れ始めると、そのようなプロパガンダは、戦争の災難や、人間の精神と肉体に激しく襲いかかる困窮と結びついて深くまで作用する。まさに首尾よく行動しようとしている勝利軍は、国民のそのような精神状態の影響を一時的には受けずに済むが、それは深い困窮に身を置きながら戦っている軍にとってはできないことである。軍と国民の間の結びつきは、次のことによって、他のことが入り込む余地が全くないほど緊密なものとなっている。それは、補充兵の［軍への］流入、負傷兵の［後方への］送還、完治した者の軍への再編入、さらなる損害が引き起こされたり、不安を広く惹起させたりしないためにも一時的にしか途絶えさせてはならない野戦郵便、そして最後に、住民がもつ戦争との直接的接触である。陸軍は国民とともに崩壊し、戦争はたとえ別の形態であろうと、世界大戦が［実際に］とり、私が暗示したような経過をたどるであろう。

世界大戦において参戦国は、戦場での会戦の勝敗だけでは決着をつけられなかった。戦争は巨大な前線での塹壕戦へと変質した。しかし、我々の敵は激しい突撃によってや、またイタリア軍とルーマニア軍の投入によって、東部および西部で会戦での勝敗を決し、行動の原則を守ろうと繰り返し試みた。私はルーマニアに対して、そして後にはイタリアに対して戦闘で勝利を収めることに成功した。しかし、それは戦争の決着にはつながらなかった。私は一九一八年に、西部において会戦の決着、そしてそれによって戦争の決着を導くという希望を抱いていた。私は、優位にある戦力を敵の弱点に対して投入した。［しかし、］敵を叩いたものの、陸軍を継続的な戦争行為に導かせることはできなかった。そのためには戦力が十分ではなかった。敵はアメリカ陸軍の投入に伴って、優位な物量を投入し、戦力を強力に集中させることでドイツ陸軍を西部において今や攻撃することができた。ドイツ陸軍は、もはや敵の突撃に耐えることができずに後退し、銃後の革命政府によって、最高軍司令部の同意の下、帰還させられるにいたった。同じように、ブルガリア陸軍やオーストリア・ハンガリー陸軍もその時までには帰還させられていた。敵陸軍が再び堅牢な陣を構えた後も、敵陸軍を西部でドイツ軍への攻撃に動かすことができたかどうかはここでは議論しない。いずれにせよ、純粋な会戦での勝敗によって戦争の決着をはかる代わりに、革命によって戦争の決着がはかられ、そして、革命の後に戦闘での勝敗が決せられた。諸国民の今日の精神状態という条件下では、そのような戦争の終わり方は総力戦の本質に合致している。［しかし］それは、所与のものではない。強靭な精神をもった国民に対して戦争の決着は、戦場での勝利と、敵ながら精神的な強さを維持したままの軍および精神的に団結した国民を殲滅することによってのみ達成できる。その瓦礫こそが、現在の世代と新たに成長してくる世代――彼らは容赦ない敵による極限の苦しみをともに体験する中で結びつきを強める――のために、自己保存への民族的意志を救済するのである。

将帥

国民の生存維持のために頭脳と意志と魂をもって総力戦を指揮しなければならないのが、将帥である。将帥がその際に担う責任は、誰も軽減できない。戦争を指揮する立場にありながら、他者の考えや意志の単なる実行者であり、戦争指導をいわば片手間に片付ける者は将帥ではなく、過酷な作業を自ら行い、極限の能力および極めて強固な意志を自らもつことが要求されるこの地位にはふさわしくない。総力戦指導者という地位は傀儡にはふさわしくなく、それによってその地位の偉大さが汚される。

将帥たる者は第一線に立っていなければならない。そうでなければ不健全で、有害かつ阻害的でしかない。将帥はただ第一線からのみ、敵を倒して国民を維持する自身の行動に一貫性を与え、強調を加えることができる。この行動は、総力戦がすべての生存領域を包括するのと同様にすべてを包括する。生存のすべての領域で将帥は決定者であり、その意志が［行動の］拠り所とならなければならない。しかし、総力戦を指揮しなければならない者が実際に将帥たりうるかどうかは、戦争になって初めて証明される。理論家やまた平時に有能な者であっても、戦時における将帥とはまだいえず、挫折することがしばしばある。それに対して、戦争になって初めてその力を発揮する者もいる。

フリードリヒ大王は、絶対君主かつ将帥であった。彼の中には、将帥というものの解があった。それ以来、将帥に関してあいまいなままになっており、戦争指導と国民の害となっている。[32]

32　とりわけ、ある国特有の国家活動が、戦争指導の一貫性に対してどれほど阻害的であるかを私は経験上知っているために、私が［ここで］与える解答は、同盟二ヶ国による総力戦にも関係している。一九一四年には、フォン・コンラート将軍〈訳者注・正確にはフランツ・コンラート・フォン・ヘッツェンドルフ〔Franz Conrad von Hötzendorf〕。オーストリア・ハンガリー軍の将軍。第一次世界大戦中は一九一七年まで参謀総長を務め、陸軍、そしてオーストリアおよびハンガリー両郷土防衛軍の指揮をとった〉でさえ、オーストリア・ハンガリー軍部隊をなんらかの形で［ドイツ］第九軍の指揮下に置くことに抵抗し［たが］、少なくとも徐々にそれへの抵抗は克服された。大規模な戦争行為の際には、「協定」が交わされることになった。フリードリヒ大公（Erzherzog Friedrich）〈訳者注・正確にはオーストリア大公フリードリヒ〔Erzherzog Friedrich von Österreich〕〉の下で［ドイツとオーストリア・ハンガリーの］共同の軍司令部を東部で設置し、私がその参謀長に就任して、ここで戦争を指揮するという提案は、拒絶に遭った。一九一六年八月には、東部での状況が緊迫している中、ガリツィア地方からバルト海までの戦線を担当する共同の軍司令部が、［ドイツ］東部最高司令官の下に設置された。フォン・コンラート将軍が後にフォン・アルツ将軍〈訳者注・正確にはアルトゥーア・アルツ・フォン・シュトラウセンブルク〔Arthur Arz von Straußenburg〕。一九一七年から一九一八年まで参謀総長を務める〉に交代させられたときに、ようやく少なくとも名目上は、同盟国陸軍の「最高戦争司令部（Oberste Kriegsleitung）」がドイツ皇帝の下に設置された。これによっても、一貫性の欠如について本質的には大きく変わることはなかった。敵方において［も］、ほぼ同様に不調和音が聞かれた。しかし、彼らは、平時の軍備と進軍についての明白な他の国家にとって模範となった組織を有していた、ヴィルヘルム一世治下のプロイセンにおいて、国王は同時に軍の最高司令官であり、その下に、次の者がいた。すなわち、国王ヴィルヘルムが参謀総長の考案した指示を「命令」として出していたとしても、戦争の「実際の」指揮をとっていた陸軍元帥フォン・モルトケ伯爵（大モルトケを指す）という将帥が陸軍参謀総長として、「プロイセン」陸軍大臣フォン・ローン（von Roon）伯爵が陸軍行政の独立した代表として、そしてビスマルク（Bismarck）侯爵が政治の指導者として存在していた。それは、危険をはらんだ多頭体制であった。その弊害はそれほど鮮明には表れなかったが、それは、ヴィルヘルム一世が、国王という威信にも従う真に偉大な人物を各役職に任命していたからであった。陸軍と国家の指導のあり方は、王政への配慮のために検討されることはなかった。しかし、陸軍元帥フォン・モルトケ伯爵が公式の最高司令官ではなかったことから弊害は生じた。摩擦はつねに克服されたわけではな

取り決めを伴った確固とした軍事同盟をすでに平時にもっていたのに対し、ドイツとオーストリア・ハンガリーの間では、これに関しても取り決めは交わされていなかった。二国間同盟は単に政治的なものであった。ところで、一九一八年三月二一日のドイツによる攻撃〈訳者注・いわゆる春季攻勢〔Frühjahrsoffensive〕を指す〉をきっかけとして初めて、フランスでは敵陸軍に対する共同軍司令部が設置された。ここでも実用的なものが後からようやく設置されたのであった。

ナポレオン一世が〔共同指揮に関する〕そのような解決策を生み出したとしばしば言われるが、それは間違いである。彼はフリーメイソンの手中にある道具であった。彼らはナポレオンを持ち上げ、一八一二年のロシア遠征を盤石ではないまま行わせることで彼を失墜させたのであった。

かった。戦争指導に関する事柄への対応は十分ではなかった。最高軍司令部の模範に沿って、他国においても参謀長が責任ある将軍と併置されるようになった。参謀長はまずは、彼が配置された先の最高司令官または軍団長（kommandierender General）の指揮下に置かれると同時に、陸軍参謀総長、すなわち将帥の指示にも縛られていた。これは、将軍が力をもっている場合には意味をもたないかもしれず、実際、意味をもたなかった。しかし、すべての将軍が力をもっているわけでも、また平時においてさえもそうではなく、戦時においては言うまでもなかった。そのようにして、ドイツ戦争指導部が世界大戦で示し、東部第八軍の軍司令部と第三次最高軍司令部の構成に顕著に表れているような極めて不健全な状況が発生しえた。

軍参謀長たちが――恐らく「それ自体は」間違っていないことだが――責任の全重量をその肩に感じ、戦争行為の指揮に関して提案を行う際には特定の形式を遵守する必要があることを自覚し、そして最高司令官は参謀長に同意しなければならないという考えをもって着任していたのと同様に、私は、東部の第八軍の参謀長に任命される際に野戦軍の参謀総長であるフォン・モルトケ将軍（小モルトケを指す）より「東部を救出せよ」という明瞭な指示さえ受け取っていた。私は、それによって［参謀］長の身分で、東部での戦争指導の責任者として［小］モルトケにより送り込まれたのであって、自らの立場をそれ以外に解釈したことは決してなかった。私はこれについて自身の著作である『タンネンベルク』と『戦争史という娼婦。世界大戦という裁きを前にして』の中で書き記し、その際、以下のことを詳細に述べた。それは、私が最高司令官（ヒンデンブルクのことを指す）――最高司令官は、支配的で不健全な見解（参謀長が戦争指導に意見し、司令官はそれに従うべきという見解）に基づいて私の下に配属され、軍事内局（Militärkabinett）局長からそれに対応した連絡をうけていた――に対して、私の活動に関してなんら妨害を行わなかったことや、私が相応の形式を遵守した一方で、最高司令官もまた自らに与えられた状況にしっかりと従っていたことを感謝していたことであった。そのために最高司令官ではなく、参謀長が東部における戦争指導の頭脳であり、その戦争指導の中に参謀長の意志も表されることになった。

それが「戦争指揮をめぐる」不明瞭な事態を生み出さざるをえなかった危険な出来事であったとすると、それは、一九一六年八月二九日の第三次最高軍司令部の設置の際に一層明白となった。そこでは皇帝が名目上、陸海軍の最高司令官であり、陸軍元帥フォン・ヒンデンブルクが陸軍参謀総長としていわば実質的な最高司令官となり、私は完全な連帯責任者として陸軍に指示を与え、戦争を指揮する立場にあった。さらにそれと並んで、海戦の指導者としての軍令部長、独立した「プロイセン」陸軍大臣、戦争指導から完全に独立した、政治の責任者である帝国宰相が存在していた。それは致命的とも言える多頭体制であった。陸上と海上の戦争指導の間の一貫性すら保たれていなかった。例えば、私は一九一七年の艦隊での反乱（給養に関する将校との待遇差改善を求めてのハンガーストライキや上陸ストライキを含む、一九一七年夏に起きた水兵による一連のストライキを指す）の規模について十全な情報提供を受けていなかった。「プロイセン」陸軍大臣は当初、独自路線を進もうとしたが、私は、極めて深刻な「多頭体制による」弊害を取り除くことに最終的に成功した。異なった政治指導者であった三人の帝国宰相は、全くもって失敗し、銃後の「不満分子」と私の間に入って、多かれ少なかれ消耗させられた。例えば、無制限潜水艦作戦で潜水艦という武器を使用する際に帝国宰相フォン・ベートマンがとった行動は、破滅的な作用をもたらした。彼は長年にわたって、軍がその全戦力を敵に投入することを妨げ、そして、この潜水艦作戦の実施の邪魔立てをすることになった。

戦争での責任に関する領域においても、私が最高司令官と参謀長等との関係の様相を述べる中ですでに暗示していた弊害が深まることとなった。最高司令官、軍団長、その他の将軍に対する司令部での参謀長もしくは先任参謀の立場に、新たに重大な変更が加えられた。なぜならば、私が軍集団の参謀長を窓口とし、彼らにしばしば口頭で司令部への指示を出していたからであった。参謀長の役職は重要性を増し、最高司令官の役職はさらに背景に退くことになった。すなわち、いわゆる「参謀長経営」もしくは「参謀本部経営」(„Chef“ = oder „Generalstabswirtschaft“)(前述のとおり、作戦の決定がルーデンドルフと参謀長の間で取り決められ、司令官はあとになってその決定を知らされるという参謀本部を中心とした意志決定のあり方を指す)が司令部で現れるという危険は確かに存在しており、それはまた避けられなかった。私は、後から誰かを貶(おとし)めるためにこれについて語っているわけではなく、そもそも、私自身そのような「参謀長経営」もしくは「参謀本部経営」の渦中にいたのである。しかし、将帥や指導者の本質について不明瞭な点が存在することを防ぐため、そのような弊害を極めて鋭く描かなければならない。参謀総長という人物でもなく、ましてや「参謀次長(der Erste Generalquartiermeister)」でもなく、将帥こそが戦争指導の頭脳でなければならない。将帥は自ら考えをまとめなければならず、その考えに従って戦争を指導し、それに応じた指示を出さなくてはならない。それに関して決定的な提案を将帥に対してできる者はおらず、さらに、将帥の責任を軽減する手立てもない。総力的な戦争指導に関する別の領域で存在する将帥の責任も、軽減できる者はいない。しかし、将帥の本質に関して明確に理解することは、あらゆる戦争指導、あらゆる国民にとって不可欠なほど重要である。総力的な戦争指導の長としての将帥の地位と責任が明白に描かれているならば、並外れた責務を実行するために必要となる威信もこの役職に備わっているであろう。それゆえ、将帥が必要な権威を恐らく獲得できないといった理由や、または若すぎるといった理由で、なんらかの配慮をもって二列目や三列目に置かれることはあってはならない。その場合は、ふさわしい人物が正しい地位に就き、自らの人格の力でその職務を遂行することができる。軍のすべての部隊を将帥の指揮下におき、軍行政の長である陸軍大臣および政治指導者の上に将帥を位置づけることの必要性に関して、世界大戦での経験に従えばすでに疑いの余地はない。将帥の地位はフリードリヒ大王のそれと同様に包括的でなければならず、とにかく違いは存在しない。

将帥は力を細分化してはならず、本質的なものにのみ力を注ぐことが許されている。仮に、極めて多くのものが本質的で、少し前にまだ本質的でなかったものが今では本質的なものに変わりうるとしても、である。自分にとって何が重要であるかは自ら認識し、決定しなければならない。将帥は、次のような部下をもっていなければならない。それは、将帥の考えの道筋を理解でき、将卒なく将帥の指示の意を酌みながら業務規程に正確に従って軍の指導と維持（その際には戦争の経験も顧慮されねばならないが）、国民生活と国民の団結性の維持、敵軍および敵国民の打倒と中立国の観察、これらに属する事柄に関する作業を堅実に行う部下である。将帥は参謀本部、すなわち、一方で［命令を］作成する命令機関であり、他方で先ほど挙げたすべての問題を自立して処理し、それによって将帥の右腕となる防衛参謀部（Wehrstab）の長を必要とする。防衛参謀部自身の構成は適切でなければならず、陸上戦、空中戦、海戦、プロパガンダ、戦争技術、経済、政治の領域での最高の頭脳、ならびに国民生活を熟知している者を擁していなければならない。これらの者たちは、防衛参謀部長と要求があれば将帥自身に対し、与えられた課題について情報を提供しなければならない。彼らは指示を与える権限を有していない。防衛参謀部に配属される将校は、任務に取り組むために特別な訓練を受けなければならないが、その他の部員も適切で綿密な訓練を事前に受けている必要がある。参謀部員は、この前提を満たしている場合においてすら、完全な自己奉仕の性格をもち、理論ではなく現実に根を下ろし、戦争史と同様に総力戦の本質をありのままに綿密に研究するときにのみ、重大な任務に十全に対処することができるであろう。

将帥やあらゆる司令官と同様に、陸軍部隊、航空部隊、艦隊の最高司令官も戦争行為の指導者、頭脳、そして意志であり、彼らは戦争行為を指揮しなければならない。これらの部隊の最高司令官にはまた、参謀長や古参の参謀が配属される。これらの者の基本的な事前教育は防衛参謀部の将校のそれの枠を超えることはないが、その事前教育は、戦時に彼らが配属される軍部隊が有する見識を拡大する点に特にその意義を有している。彼らの活動領域は純軍事的な領域である。彼らは、もはや二重の従属関係をもたず、最高司令官や将軍にのみ従う。参謀総長からの命令系統（Chefweg）や上位の司令部の参謀将校と下位のそれとの間の協議という、世界大戦で残念ながら広がりをみせた現象は将来、存在してはならない。なぜならば、それらによって、「命令系統に関して」すでに見られた不明瞭さという悲劇が一層強められ、後からの検証を事実上、不可能にする「複数の命令系統」が作られることになったからである。

繰り返しになるが、将帥と最高司令官は命令を下す者である。彼らの参謀部に配属された将校は、参謀長も含め、将帥と最高司令官にのみ従属し、その指示にのみ従って行動しなければならない。参謀長は、将帥と最高司令官が彼らに委任する必要のある領域においてのみ、指示を出すことが許されるが、この委任は、委細や雑務――価値ある人物にとって、これは「すでに」熟知しているために取り組みたくはない――によって、将帥または最高司令官が忙殺されないようにするために必要となる。この命令系統以外では、下位の役職との連絡をはかってはならない。

将帥は誰にも頼ることができない。孤独である。堅実で聡明な者が将帥の下で働いていようとも、誰も将帥の心の内を覗くことはない。

軍事知識と能力の領域、そして、全体的に入念に訓練して確固たるものにすることが絶対に必要とされる意志の力の領域で、前線に立つ者すべてやあらゆる将校に対してすでに大きな要求がなされるが、その要求の大きさは、国民の生存維持のための格闘における責任が大きければ大きいほど、一層増大する。そのために、将師には極めて大きな要求が突きつけられることになる。なぜならば、将師は全軍の上に立ち、戦争の好結果と自国民の生存維持を左右する極めて重大な決定を、深刻な危機の中でほとんど本能的かつ迅速に、そして責任から逃げることなく、不確実な将来に向かって下さなければならないからである。その不確実性とは、精力的に行動するという相応の意図をもって立ちはだかる敵の意志によって、将師に対して確実で現実のものにすぐさま変化してしまうあの不確実性のことである。敵の意志は、攻略されまいとして、戦争の不確実性――敵に関する不確実性であろうと、我が部隊も任務を常に遂行できるとは限らない、もしくは敵の行動をうけて任務を遂行できないという不確実性であろうと――の中で、自ら［相手を］攻略しようとするが、将師は、この敵の意志を前述のように克服するために、あらゆる力を徹底的に動員しなければならない。将師の能力と魂がここで最大限に要求されるのに対し、将師はそれと同時に、陸軍生活と国民生活のすべての領域――それは、私が示したように総力戦の基礎である――を幅広い視野をもって網羅し、また合わせて、そのような視野をもってそこに深く入り込まなくてはならない。この観察が表面的なものでしかなければ、将師は他者の手の平で操られる道具となる。将師は［自らの］強靱な活力を発揮しなければならず、それによって将師は、敵に対する行動と似た形で総力戦の結末に影響を与える行為に関して、極めて重大な決定を、ここでもその責任から逃げずに下すことができる。将師としての生活は簡単ではない。自らの人格に由来する誇り高い責任感を抱きながら、将師としての日々を送るのである。

将帥、戦場における指導者、または兵士であるためには、極めて高い資質が要求される。この資質は、しばしば知識よりも重要である。軍は、出世主義者や、見せ掛けだけ勤勉な者を必要としていない。軍は確固とした資質［をもった者］を必要としている。職位が高く、その責任が大きくなるほど、その職位にある者は、信頼のおける確固とした資質をもっていなければならない。そのような資質によってのみ、信頼を獲得したり、それを要求したりできる。そのような資質を抜きにしては、将帥や戦場での指導者［の存在］は考えられない。その示唆は十分すぎるほど真剣に受け止めなくてはならない。

戦争とは、人に関する行為である。下位の司令部とのやり取りや命令の発令でさえ機械的なものではない。ましてや、別の部署とのやり取りはますます機械的なものではなく、属人的で魂の入ったものである。人を正しく使い、その長短を知り、その精神を汲み取り、その動機を見抜く能力は、将帥がもつ、その他の能力に加えられる必要がある。均衡を保ち、［自己を］抑制することは、将帥にとって不可欠な属性である。加えて、別のもの、言葉にできないものを将帥は有していなければならない。私は自著『戦争での不服従』の中の、将帥について記した文中で、それを示唆している。その文とは次の通りである。

「あらゆる芸術家と同様、将帥はその技芸に属する『技術』を使いこなす必要がある。しかし、将帥には『技術』を使いこなせることと並んで、他のあらゆる芸術家の場合と同じように天才的で創造的な能力、そして他のどの芸術家にも直接は要求されないもの、すなわち、叙述できない責任を負う力、意志と資質、そして、推し量ることのできないあの魅了するものが決定的となる。その魅了するものとは、偉大な人間が、その精神と魂、――そして心をすべて投入することで、陸軍、国民、ドイツ人すべてに対する極めて強い責任感をもって創造力と意志を発揮する場合に、彼らから発せられるものである。戦争史は将師を決して育てられず、また、その内面も決して表現できない。それは属人的な財産であり、将師も極めて張り詰めた緊張時にのみこれを体験する」（『戦争での不服従』3頁より）

推し量ることのできないものが、将師から発せられなければならない。将師はそのために生まれてきたのか、もしくはそうでないかのどちらかである。勝利への意志は将師から発せられ、将師を起点として陸軍と国民へと浸潤していき、これらを英雄的な行為へと導かなくてはならない。

将師は、すでに平時において高位の職に任命されていなければならず、それによって、総力戦で自ら担わなければならない責任を引き受けることができる。

将師は、戦争が生じた場合に、国民のあらゆる力が直接軍か銃後のどちらかにおいて自由に使えるようになっていることへの責任を負っている。

将師は、国民の団結性が所与の民族的基盤の上に作られ、民族的基盤の中で青年と成人が教育をうけ、その成人の中で軍が、そしてその軍の中でとりわけ将校が強固なものにされることに関して、平時に確信をもっている必要がある。将帥は、国民の団結性が総力戦にとってもつ重要性に関する知識が統治者、国家行政［機関］、さらには国民自身の共通財産となるように取り計らわなければならない。戦争のためにここで挙げられた指針を検証することは、将帥の義務である。将帥は、財政と経済が総力戦の要求を満たしており、国民生活と経済の維持、および国民と軍への［物資の］補給を確保する、総力戦に向けた措置が取られていることを検証しなければならない。

将帥は、全軍を指揮し、平時における訓練および軍備や、戦時での——動員、初期の作戦、進軍の命令を通しての——一貫した投入を定める。将帥は戦争指導の総司令官であり、敵陸軍および敵国民に戦闘やプロパガンダによって壊滅的打撃を与えなければならない。将帥はその際、［戦争の経過とともに］生まれてくる戦争体験をもとにして軍の戦闘力の維持と発展に努め、銃後に関しては国民、および国民の、戦闘的な精神的団結性が維持されるように取り計らう。

将帥は、政治が戦争遂行のために従わなければならない方針を政治の中で決定する。[33]

33　クラウゼヴィッツが、戦争は他の手段をもってする政治の継続に他ならないと教えたこととは対照的である、政治は戦争指導に供されねばならないというような見解に、政治家がどれほど憤慨しているのか、すでに私の耳には入ってきている。政治家が憤慨し、私の考えを、完全に戦いに敗れた「軍国主義者」のそれと見なそうとも、それによって現実が要請するところのものは何も変わらない。この現実は、私が戦争指導やそれとともに国民の生存維持のために要求するもの［と同じもの］を求めるのである。「国防学者（Wehrwissenschaftler）」も、それは覚えておいていただきたい。世界大戦でのドイツの政治の動きは、この要請が必要不可欠であるこ

将帥は、進軍指示による最初の軍の投入について、常に優れているわけではない。動員と進軍はとても密接に絡み合っているが、両者に関する指示の立案は、長い期間、すなわち一年以上の月日をどうしても要する。すなわち、任命が年度の半ばで行われると、将帥は前任者の進軍指示にまだなお縛られることになるが、前任者の進軍指示は、常に［後任の］将帥の考えに沿っているわけではない。そのため、極めて重大なことだが、将帥は結局、前任者が下した措置と折り合いをつけることになる。将帥は、どうにか可能になり次第すぐに、進軍［計画］を自らの意志に沿うように作り上げることを最も深刻に心配しなければならない。彼はその際に、「前任者［の考え］に沿って作業を」してはならない。これが全く不可能であることは、世界大戦前の最後の参謀総長、フォン・モルトケ将軍（小モルトケを指す）の行動に示されている。彼は、前任者の進軍［計画］（いわゆるシュリーフェン計画を指す）に手を加え、それによって実情を考慮に入れた。しかし彼は結局、自分のものとは鋭く矛盾していたフォン・シュリーフェン伯爵の進軍案から、作戦が進む中で自由になることはできなかった。将帥ほど、「自助努力（Selbst ist der Mann）」という言葉が当てはまる者はいない。

将帥は勝敗を追求するところで陸上の戦争行為を指揮する一方で、例えば、敵が求める勝敗の決定をなんとかして引き延ばすために副次的な任務を遂行することが陸上で重要となるところでは、特別な司令官を任命するであろう。最高軍司令部は戦争開始当時ベルリンに残り、西部と東部

とを示している。

に特別な最高司令官を任命したほうが賢明ではなかったのか、という疑問が世界大戦中に発せられた。私は、そのような考えを誤った方向に向かうものとして拒絶した。勝敗の決定権は、将師が自身の手中においておく必要がある。将師は、自らの責任感から、なんらかの方法で己れの責任を軽減したり、勝敗の決定を求める陸軍と自身の間に不必要な中間職を設置したりすることはない。あらゆる中間職［の存在］は、指導者の意志がそのまま貫徹することを困難にする。将師は敵を自ら攻撃する意志をもち、さらに注意を別の戦場、すなわち海上へと向ける必要があり、加えて、多くのことについて考え、総力戦によって必要となる決定を下さなければならないために、確かに将師には極めて困難な要求が突きつけられる。しかし、それは将師の本質に由来し、変えることはできない。

総力戦［時代］の将師に今や用意されている連絡・通信手段によって、将師は、敵について不明なことがまだ多くあるとしても、敵の状況や自軍の状況を、過去の将師に許されていたのとは全く異なったように俯瞰でき、それゆえ、同様に全く異なった方法で戦争指導に影響を及ぼすことができる。その際、将師は、敵の将師も自身に向けられた措置について以前よりもより通じているという事実を考慮しなくてはならないが、それは、敵に向けた措置を強烈な力でもって実行し、自らの領域に横たわっている阻害要因をすべて排除することにより行われる。敵による妨害ですでに十分である。

私は執務室にいながら、ルーマニア、イタリア、ガリツィアの作戦や、西部での防御的および攻勢的会戦へ介入することができた。私はそれを［現地部隊を］鼓舞し、自身の地位に伴う強い責任感をもち、そして能力と経験に基づいて行っていたが、その経験とは、複数の戦争行為の経過についての知識から、現地の個々の指導者よりもよりよく導き出されたものであった。その際に、別の箇所での戦闘の結末を危うくしないために、前線からの嘆願を聞いてもそれに流されないようにすることは、極めて荷が重いことであった。別の箇所での成功を可能とするために、重大な緊迫状態に意図して耐えなければならなかった。

将帥が、自身の直接の指揮命令下におかれている軍集団司令部および軍司令部に対して自身の指示に絶対的に服従することを要求しなければならず、将帥が特定の命令を与える場合にもそうであることは、世界大戦中にも増して今日では私にとってゆるぎないものである。同じく軍集団司令官や軍司令官は、彼らの意志に等しく服従することを［自らの部下に］要求しなければならない。それによってのみ、一貫した［軍の］行動が担保される。一九一四年八月にまだ見られたように、上級機関の意志の実行が反抗的な下級指揮官によって危険にさらされ、遅延されることになり、そして上級機関が下級指揮官と争わなければならなかったということを繰り返してはならない。最高軍司令部が自ら決定権を軍司令部に委ねて不明瞭な命令を与えたり、最高軍司令部がロレーヌ地方の第六軍に対してと同様に第一軍、第二軍に対しても一九一四年九月九日に過ちを犯したときのように、より不明瞭な指示を出したりすることはあってはならない。将帥は服従を要求しなければならないが、それと同様に軍集団は与えられる命令が明確であることを要求しなければならない。下級機関の判断によって［上級機関による］指示からの逸脱が必要となるとき、既存の連絡手段を用いて上級機関に問い合わせることはたいていの場合まだ可能であろう。これは、下級指揮官の非独立性を私が擁護しているような印象を与えるかもしれない。私はこれを支持しているのではなく、戦争行為の一貫性を擁護しているのである。私は戦争体験を踏まえて極めて厳格な服従を求める。極めて厳格な服従という枠の中での自立性が、下級指揮官には残されている。将帥は、そのような基礎に立脚した上で初めて己れの意志を実行できる。[34]

作戦実行に関する指示を直接出すことが将帥にとって適切と思われないところでは、将帥は当然その基本的な考えしか決定できず、関係する下級指揮官にその実行を委ねるしかない。しかし、将帥は詳細にその実行を監督する必要がある。なぜならば、将帥が最終的にはここでも責任者だからである。そもそも戦場全体で将帥は責任を負っている。

将帥はその責任を果たすため、下級指揮官が自らの部隊に関する飾り気のない事実を通して、ありのままの真実を報告することにとりわけ注視しなければならない。この要求は簡単なように聞こえるが、そう簡単には満たすことができず、責任者に資質の面で完全な信頼をおけないところでは満たされない。勝利の余韻の中では成功は容易に過大評価され、敗北の後味が残る中では敗北はまずはしばしば実際よりも大きく捉えられる。そのため、これ（心象による成功や敗北の過大評価を指す）は報告の際に

34　私は、上級［機関による］指揮が下級指揮官によって危険にさらされることを証明した自著『戦争での不服従』を［ここで］特に示唆しておく。

も容易に見られるが、これとは逆に、敗北が可能な限り隠蔽されるということはあってはならない。将帥は、自らの陸上部隊の状況について極めて明確に把握している場合にのみ、正しい命令も下すことができる。敵に関する報告がたいてい非常に不確定なものとなるゆえに、そのような［自らの部隊に関する］正しい報告は決定を下す際の基礎としてますます重要である。陸軍の右翼での勝利の報告と、ロレーヌ地方での会戦後の第六軍右翼での状況に関する極めて重大な報告によって、陸軍右翼にあった二個軍団を東部の私のもとに派遣し、それ（二個軍団分の兵力を指す）をロレーヌ地方の陸軍から引き抜かないという不幸な決定をドイツ最高軍司令部は下すことになったが、そもそも私に戦力を派遣するとすれば、それ（ロレーヌ地方からの兵力の移転を指す）は可能であったかもしれない。それ（二個軍団分の兵力の東部への移転を指す）は私から依頼したことではなかった。

将帥が意志決定の際に妨げられることなく、その実行のための裁量を保持するように、将帥は、下位指導者が所与の戦力を使って単独で任務を果たすことを期待しなければならない。将帥が部下の司令官に自らの意図を詳細に、そして適時知らせることで、彼らが将帥の戦争指導の目的を理解することは容易になるであろう。加えて、信頼によって将帥とその［命令指揮下にいる］最高司令官は結びついている必要がある。

将帥は、軍の教育者であり指導者であるとともに、また軍の力を維持し促進しなければならない。将帥はこれに際して、軍が戦争に赴く折に抱いていた軍備と戦闘に対する考えが本当に必要条件を満たし、それが例えば重要な変革を引き起こさないかという点に特別な注意を向けなければならない。その重要な変革として、私が、最高軍司令部に加わった後に戦線を緩め（縦深防御戦術の採用を指す）、その際に小銃兵が有する火力を広範囲にわたって機関銃の火力で置き換えたときに行わなければならなかった変革が挙げられる。技術的な補助手段は、戦時に、すなわちその大量使用によって、平時の検証で可能であるよりもはるかによい試験ができる。戦術的な形態については、これ（平時よりも戦時でよりよい検証が可能であることを指す）は当然である。

次に将帥の注意は軍の部隊に、その際には特に兵站部隊および銃後、空軍、海軍に存在するすべての部隊、そして補充部隊にも注がれ、そしてそれら部隊の規律および精神状態が検証されるであろう。[35] 将帥の注意は、以下の点に関して繰り返し国民に向けられるであろう。それは、国民が軍のためや己れの生命維持のために働いているかどうかという点であり、そしてまた、精神的な団結性を保ちつつ軍と共同して、自己の生存維持のための戦いを行う能力と覚悟が国民に備わっているかどうかという点である。その際、将帥は真剣に経済状況および陸軍と国民の［物資］補給の経過を観察するであろう。将帥は、弊害の除去が求められているところではそれが行われるように取り計らい、損害が明白であるところでは容赦ないほど厳しい措置をとらなければならない。それは将帥の義務であり、それを十分に行わないことは陸軍と国民への不当行為と言える。将帥は、総力政治が自分に奉仕していることを何度も確認しなければならず、総力政治に

35　軍にとって、どのようなアルコールの摂取も禁止されていることは当然である。我々は、それが会戦での成功と規律に対して重大な損害をもたらすことを世界大戦［での経験］から知っている。

よるいくらかの単独主義的行動の芽は摘む必要がある。

将師は、敵陸軍と敵国民の精神状態に関する報告を緊張感をもって受け取るであろう。［戦場での］勝利がどれほど決定的なものであろうとも、現在の数百万規模の陸軍では最後の一兵まで文字通り「殲滅」したり、捕虜にしたりできないことは明らかである。この［戦場での］勝利、また敵国や敵国民の経済の破壊、経済封鎖、海上戦力による補給の妨害、プロパガンダを通しての工作、これらは敵国民の魂の中にある抵抗への意志を挫くという目的のための手段である。

総力戦は、際限のない要求を指導者に突きつける。［今日では、］これまでの将師、すなわちフリードリヒ大王のような人物には要求されることがなかった規模で、将師に対して功績や活動力が求められている。

将師は、まれにしか国民の歴史に現れない。平時における軍の指導者が戦時に将師になるかどうかは戦争のみが決する。国民は、将師のために、すなわち国民の生存維持を懸けた総力戦の指導者のために自らを供するときにのみ、将師を戴くに値するようになる。そのような場合に将師と国民は一体となるが、そうでない場合には——将師という存在は国民にとって宝の持ち腐れである。

第Ⅱ部　解説

伊藤智央

凡例

一・引用部分における著者補足は、［　］で文中に挿入した

一・旧字体・旧仮名遣いは新字体・現代仮名遣いへと改めて表記した

序　論

今日、「総力戦」は二〇世紀の戦争の特異性を捉えた言葉として理解されている。すなわち軍隊が急激な量的拡大を遂げ、戦闘地域が地理的に拡大し、戦争の勝利に向けて銃後が体系的に投入されるようになり（兵器開発への科学の貢献、兵器の大量生産へ向けた資源確保から軍需生産にわたる領域での住民の動員）、そしてその結果として非戦闘員が軍事的な攻撃目標に含まれるようになったという意味で「総力戦」という言葉が使われている。そこでは国民の動員を推し進める正当化の論理として、絶対的な敵を想定するイデオロギーが伴われる。[1]

しかし、実際の戦争以外の現象に対しても「総力戦」という言葉が使用され、ときにはマスメディアによってその使い方が批判される。例えば二〇一一年に、ドイツ南西部バーデン・ヴュル

1　Vgl. Thomas Rohkrämer: Heros and Would-Be Heros. Veterans' and Reservists' Association in Imperial Germany, in: Manfred F. Boemeke; Roger Chickering; Stig Förster (Hrsg.): Anticipating Total War. The German and American Experiences 1871-1914, Washington, D. C. 1999, S. 189-215, hier S. 189-190.

テンベルク州の州都シュトゥットガルトの中央駅取り壊しに反対する大規模な市民運動がおきたが、その仲裁役を務めたハイナー・ガイスラー（Heiner Geißler）の発言が、国民社会主義時代の宣伝相ヨーゼフ・ゲッベルス（Joseph Goebbels）の「諸君は総力戦を望むか（Wollt Ihr den totalen Krieg?）」という演説の文句の一部に酷似していたことでマスメディアに批判された。ガイスラーは、抗議運動と警察との間の全面衝突とそれに伴う負傷者の発生を「総力戦」と形容し、「二項対立的な枠組み（Entweder-Oder-Kategorien）」で考えることがもたらす結果への注意を関係者に喚起したにすぎなかった。しかし、彼の発言は国民社会主義時代と結びついた用語を無批判に現代へ移入するものとして批判された。[2] このように、「総力戦」という用語はドイツでは国民社会主義者による使用歴を通して褐色がかったと見られうるため、[3] 現代社会における戦争以外の現象に転用されることがマスメディアの批判の対象となり、その使用に社会的制約が課せられている。

他方において日本では、「総力戦」という言葉は社会の多くの領域で歴史的な文脈から切り離さ

2　Vgl. „Es gibt bessere Lösungen“ als Stuttgart 21, in: Deutschlandfunk, 2. August 2011. URL: <http://www.deutschlandfunk.de/es-gibt-bessere-loesungen-als-stuttgart-21.694.de.html?dram:article_id=70378> [Abfragedatum: 7. Juni 2015]; Geißler und der „totale Krieg“ „Sie leben ja wohl auf dem Mond!“, in: Süddeutsche Zeitung, 2. August 2011. URL: <http://www.sueddeutsche.de/politik/stuttgart-geissler-und-der-totale-krieg-sie-leben-ja-wohl-auf-dem-mond-1.1127237> [Abfragedatum: 7. Juni 2015]

3　ドイツでは政治的潮流は各々色をもって表現され、なかでも褐色（Braun）は国民社会主義の色とされる。

れて用いられている。それは選挙、環境対策、企業活動、果てはスポーツにいたるまで、意気込みを語る際にあらゆる資源を使って対応するという肯定的な意味で使われることが多い。しかしながら、「総力戦」は第二次世界大戦の戦時体制を形容する言葉として歴史的な刻印を受けているため、歴史上で見られた現象への慎重な省察と過去の批判的克服なしに元来の文脈から切り離して現代社会で転用することは、その歴史的文脈に由来する言葉の重大性と真剣に向き合うことを妨げることにつながるのではないか。

総力戦体制下において国民は人的動員の対象となり、物的資源と並んで扱われる。すなわち、国民一人ひとりは国家の主体としてではなく、国家に従属し利用される単なる資源と化す。そのため、資源という意味で同質なものとして扱われる中で、個々の国民のもつ差異は、戦争遂行に関するそれを除いて当然無意味化される傾向にある。[4] それは確かに国民の平等化とも呼べる現象であったが、モノとして扱われる限り人間としての尊厳を伴うことはなかった。その意味で、

4　纐纈厚『総力戦体制研究　日本陸軍の国家総動員構想』社会評論社、二〇一〇年、264、268―269頁参照。また桑野は、総力戦に固有の特徴とはしていないものの、総力戦において極端な形で表出する国民的総動員システムを念頭に、総力戦の特徴として強制的均質化（Gleichschaltung）を挙げている。すなわち、強制的均質化の際に国家は「身分制・地域主義を解体して、国民的統合を実現する」とされる。いずれにせよ、戦争遂行という国家目的のために、後述の「高い身分」に由来する尊厳を失う形で、身分制は解体される。桑野弘隆「総力戦体制から国民的動員システムへ（研究ノート）」『専修大学社会科学年報』、第四八号（二〇一四年）、231―233頁、ここでは217頁。

総力戦体制は、人の尊厳を中心にすえる戦後の日本および（西）ドイツ社会の価値規範と相容れるものではない。[5] 第二次世界大戦ではさらに、人が動員されるべき単なる資源と見なされた結果、自国民の動員による多大な軍人や軍属の犠牲だけではなく、敵国の人的資源である民間人に対しても数多くの戦争犯罪が行われた。それは、蟻川の論じるところの「高い身分」に付随する尊厳とそれに伴う権利が、自国民および敵国民を問わず戦闘行為の対象に対して認められなかった帰結とも考えられよう。尊厳ある敵として見なされないがゆえに、敵国民および戦闘員の人命の軽視へといたった。そのため、近代市民社会の価値規範とは相容れない要素を多分に含んだ「総力戦」という用語を価値中立的な方法論、ときには精神論として現代社会に持ち込む際には、歴史的・批判的な考察が必要となろう。

ただし、「総力戦」という言葉の使用がはらむ危険性への警告は、総力戦体制の中で国民への同質化圧力がとりわけ強かった敗戦国、日本とドイツに主に向けられるものの、アメリカ、イギリ

5　近代市民社会は、身分制を全く捨て去った上で成立したと考えられているが、蟻川によると、身分に由来する尊厳を不可侵のものとして措定している。日本においてもドイツにおいても、個人の尊厳は憲法および基本法に通底する原理の一つであり、日本国憲法一三条「すべて国民は、個人として尊重される」およびドイツ基本法第一条「人間の尊厳は不可侵である（Die Würde des Menschen ist unantastbar）」にその原理は表れている。蟻川によると、そもそも尊厳は「高い身分」、すなわち「高貴な身分」と結びついた概念であり、「高い身分」に付随した尊厳ある扱いが社会の構成員全体へと拡大適用された社会、それが近代市民社会である。蟻川恒正「尊厳と身分」石川健治編『学問／政治／憲法』岩波書店、二〇一四年、219―275頁参照。

スといった連合国側の民主主義国にもあてはまる。なぜならば、枢軸国も、アメリカ、イギリスも「深層部分においては、類似した国家構造［総力戦体制］を採用」しており、民主主義やファシズムという政治制度の相違は総力戦体制を実現するための政治的手段のそれにしかすぎなかったからである。[6]

総力戦の歴史的・批判的な考察のためには、「総力戦」という言葉を規定し、その言葉の使用を一般化させた起源をたどることが一つの有効な手段であり、その限りにおいて、戦間期のドイツで出版されたルーデンドルフ著『総力戦（„Der totale Krieg"）』（以下、『総力戦』）に正面から取り組むことは、いまだ現代的意義を保持している。

本書第Ⅰ部（以下、本書）は、第二次世界大戦で見られたいわゆる総力戦を体系立って主張・予言し、その後の歴史の流れに影響を与えた一九三五年出版の『総力戦』の翻訳である。ただし、『総力戦』は出版から約八〇年の時を経ており、当時のドイツの文脈を背景として執筆されてい

6　纐纈『総力戦体制研究』272頁。総力戦の要請である人的動員を円滑に進めるために、共同体に対する自発的な関与を国民に促すことが民主主義に期待された。具体的には、政党や労働組合といった民主主義の中で特定の役割を担う組織を通して、総力戦体制への国民の理解を増進することが図られた。すなわち民主主義は総力戦体制構築の手段として機能していた。それに対して、階級や民族の差異を取り払い、国民を国家の下で同質化することがファシズムであるとすると、同質化の目的が、国民を資源として扱うことで、それを戦争（準備）へと動員することである限り、ファシズムもまた総力戦体制の手段と見なされる。同右、260—269頁参照。

ることを考えれば、その内容を理解することは容易ではない。だが同時に、その歳月は、『総力戦』が果たした歴史的役割を客観的に捉えることを可能にする。そのため、本書第Ⅱ部（以下、本解説文）は、『総力戦』の内容の検討だけではなく、その歴史的意義の考察も行うことで、『総力戦』の多少なりとも包括的な理解を可能とすることを目的としている。すなわち、本解説文では、『総力戦』の来し方として総力戦思想の成立にいたる過程をまずは明らかにした上で、テキスト自体の検討に移り、そしてその後で、『総力戦』がドイツと日本において与えた同時代的影響をたどる。

まずは第一章「総力戦思想形成の背景」で、『総力戦』という著作の成立の背景を、ルーデンドルフという人物を軸として、そして次に同時代の思想的潮流を手がかりとして振り返る。『総力戦』で主張される総力戦の特徴、およびとるべきとされる政策は、ルーデンドルフ自身の第三次最高軍司令部（Oberste Heeresleitung）時代（一九一六年から一九一八年まで）の戦争政策を基調としつつ、自身の戦争体験を普遍化しようと努めたものである。確かに、具体的な政策に関しては新たな論点が現れてくるわけではない。しかし彼はそれを、戦間期にさまざまな分野で使用されていた「全体（Total）」という形容詞を用いて、「総力戦」という印象的な言葉の下、政治的主張へとまとめあげていった。

そして次に、『総力戦』で唱えられている主張の分析を行う。第二章「クラウゼヴィッツ思想との関係」では、ルーデンドルフの主要命題である戦争と政治の関係について考察を行う。『総力戦』内でルーデンドルフは、カール・フォン・クラウゼヴィッツ（Carl von Clausewitz）による戦争理論の時代的制約性を指摘しながら、クラウゼヴィッツの全否定を主張する。そしてその否定を通して、政治の戦争指導への従属を主張していく。しかし、なぜルーデンドルフにとって、クラウゼヴィッツの理論は時代遅れで有効性を失ったものと思えたのであろうか。ルーデンドルフの戦争論は、第一次世界大戦でドイツはなぜ敗れ、いかにして、第一次世界大戦に見られるような人的および物的国内資源の動員を勝利に不可欠なものとする来るべき戦争に対して準備を行い、勝利を収めることができるのかという実務家としての問題意識から発していた。いいかえればルーデンドルフは、時代的にも限定されたある一つの戦争形態における戦争遂行を前提として戦争理論を構築しようとした。それに対して、ドイツ観念論の思考方法を援用しつつ、戦争の普遍的なメカニズムを捉えようとしていたクラウゼヴィッツの戦争理論は、その分析的性格のため、戦争遂行への直接的な示唆を提供しているようにはルーデンドルフの目に映らなかったのである。

そして、第三章「総力戦としての第二次世界大戦に向けて」において、『総力戦』がもっていた同時代的役割および影響を検討する。『総力戦』は、時代的文脈に拘束され、そして方法論としての性格に規定されていながらも、もしくはそれゆえ、主にドイツ、そして間接的ではあるが日本の総力戦体制にも影響を与えていった。それはドイツでは、主にゲッベルスを通して実際の政策や政権内部において受容されるという形で現れていた。それに対し日本では、軍部を中心に、すでに第一次世界大戦中から総力戦体制の必要性が教訓として汲みとられていたなかで、『総力戦』は、ドイツ語での出版から時を待たずに邦訳され、当時喫緊に構築が求められていた総力戦体制、および国防問題を論ずる一つの拠り所として陸軍に利用されていった。加えて、陸軍もしくは政府による組織的な受容とまではいかなかったが、一部の陸軍将校が構想していた総力戦思想へその影響を与えていった。ルーデンドルフの『総力戦』は、すべてを投入し国民の生死を懸けた闘争として第二次世界大戦が予期され、自己予言的な形で総力戦が遂行されたこと[7]に対し、直接間接を問わず寄与したといえる。確かに、冷戦も総力戦としての様相を見せたものとして認識されるが、第二次世界大戦は、実際に戦闘が行われ多大な犠牲者を出したことから、後世から総力戦の典型例として少なくとも日本およびドイツ社会の中で記憶されている。

そして最後に全体の要約を行うことで、本解説文を締めくくる。

7　第二次世界大戦が開戦以前からすでに欧米諸国で総力戦として予期され、準備がなされていたことについて、木畑洋一「総力戦としての二つの世界大戦」木畑洋一編『20世紀の戦争とは何であったか』大月書店、二〇〇四年、65―106頁、ここでは92―93頁、および石津朋之「ルーデンドルフの戦争観――『総力戦』と『戦争指導』という概念を中心に」三宅正樹他編著『ドイツ史と戦争　「軍事史」と「戦争史」』彩流社、二〇一一年、179―202頁、ここでは187頁注16参照。

第一章　総力戦思想形成の背景

一　ルーデンドルフの軌跡

『総力戦』の著者であるエーリヒ・ルーデンドルフ（以下、ルーデンドルフと表記、ルーデンドルフ家のその他の構成員は名で表記）は、一八六五年四月九日にプロイセン・ポーゼン州クルスツェヴニア（Kruszewnia）で生まれた。祖父アウグスト（August Ludendorff）はプロイセン・ポメルン州（Pommern）で蒸留酒工場を設立し、父ヴィルヘルム（Wilhelm Ludendorff）はその財産をもってクルスツェヴニアで騎士領（Rittergut）を購入し、大地主として農業に従事した。その後、ヴィルヘルムは貴族出身のクララ・フォン・テンペルホーフ（Klara von Tempelhof）と結婚し、ルーデンドルフが誕生した。ルーデンドルフの父方は、母方とは異なり、確かに貴族の出自ではなかったが、父方祖母の祖先にスウェーデン王グスタフ一世を擁しているという言い伝えがあり、北欧を祖と考える家族の伝統が存在していた。ルーデンドルフは、その伝統に則る形でスウェーデン語のエリク（Erik）、そしてホーエンツォレルン朝にあやかった名前であるフリードリヒ・ヴィルヘルム（Friedrich Wilhelm）から、フリードリヒ・ヴィルヘルム・エーリヒ（Friedrich Wilhelm Erich）と命名された。スウェーデン王グスタフ一世を祖先にもつという伝承を父同様ルーデンドルフも生涯誇りに思っており、彼のアイデンティティの中での北欧の要素は、キリスト教以前の時代への憧れを後に生み出すことにつながっていく。[8]

ルーデンドルフに後々まで影響を与えたもう一つの要素が軍隊であった。父ヴィルヘルムは、一年志願兵として第一二ベルリン近衛騎兵連隊での兵役を務めたのち、一八六六年の普墺戦争、一八七〇／七一年の普仏戦争に予備役将校として参加し、プロイセンへの忠誠とともに叙勲や軍での地位に価値を置いていた。そのため、彼はルーデンドルフにも将校になることを望んでいた。加えて、叔父エミールが軽騎兵将校であり、その戦争体験談に接していたことからも、ルーデンドルフは職業軍人になる道を選ぶことになった。[9] そして、プレーン（Plön）およびベルリンで士官教育を受け、一八八二年から少尉として陸軍軍人の経歴を歩み始める。[10] その後、彼は順調に経歴を重ね、海兵大隊への三年間の派遣を経て、陸軍大学校（Kriegsakademie）への入学を許

8　Vgl. Manfred Nebelin: Ludendorff. Diktator im Ersten Weltkrieg, München 2010, S. 25-30. この家族の伝承と一九一八年に彼が亡命先としてスウェーデンを選んだことは、奇妙にも符合している。
9　Vgl. ebd., S. 31-32.
10　Vgl. ebd., S. 35-40.

された。そこで彼は戦術教官ヤコブ・メッケル（Jakob Meckel）に出会い、日本陸軍の確立に寄与した存在としてメッケルに尊敬の念を寄せるようになった。[11] ルーデンドルフは『総力戦』の中で、国民が民族宗教をもとに精神的に団結している例として、日本にある種の理想を見出そうとしているが、彼の日本への興味の萌芽はメッケルに負うところが大きいといえよう。その後も、ルーデンドルフの日本もしくは東アジアとの関わりは続いていく。彼は陸軍大学校を卒業後、参謀本部に配属され、そこでは主にロシアを除く東ヨーロッパおよびアジア諸国の政治・軍事情報の収集・分析に従事することになる。とりわけ東アジアに関する軍事知識は彼に評論家としての活躍の機会を与え、一八九四／九五年には『軍事組織における変化と進歩に関するレーベル年報（„Löbell's Jahresberichte über die Veränderungen und Fortschritte im Militärwesen"）』に、極東の軍事情勢を概観する論考を寄稿している。[12] 陸軍大学校および参謀本部時代に、彼の東アジア、とりわけ日本の政治・軍事情勢への関心や知識は蓄えられたと見て間違いない。それは、後に彼が義和団事件の発生の報に触れるや休暇をとり、ドイツ遠征軍の参謀部か司令部のどちらかへの配属を直訴するためにベルリンまで赴いたことにも表れている。[13]

陸軍大学校での教官としての任務をはさみながら、各地の司令部と参謀本部での勤務を交互に

11　Vgl. ebd., S. 46-51.
12　Vgl. ebd., S. 54-55.
13　Vgl. ebd., S. 59.

経験し、一九〇八年以降は進軍計画、陸軍増強、国土防衛の問題に関して参謀総長ヘルムート・フォン・モルトケ(Helmuth von Moltke)(以下、小モルトケ)の下、参謀本部内で影響力を強めていった。[14] ここでは、『総力戦』の論点につながるものとして兵力増強の問題を挙げておく。具体的には、一九一二年十二月に小モルトケの署名をもって帝国宰相に提出された要望書「軍事情勢とそこから帰結する、ドイツ国防力のさらなる構築に関する要望について(Über die militärische Lage und die sich aus ihr ergebenden Forderungen für weitere Ausgestaltung der Deutschen Wehrkraft)」を検討する。なぜならば、要望書の文面をルーデンドルフが提出前に修正しており、ルーデンドルフの見解が反映されていると考えられるからである。この要望書において作成者は、協商国側の攻撃的な意図と同盟国側の守勢、とりわけイタリアの傍観的態度を指摘した後で、同盟国側の協商国側に対する兵力の劣勢を認めている。そして、イギリスの海軍力やロシアの陸上兵力の数的優位に対抗することは難しいためにフランスに対して強大な兵力をもって攻勢に出るという計画(シュリーフェン計画)を開陳している。この政治・軍事情勢から、要望書は陸軍兵力増強の必要性を強調する。増員の具体的方策として、兵役義務者のうち実際に徴兵された男性が占める割合がフランスに比べて低い状況(フランス:八二パーセント、ドイツ:五二から五四パーセント)を述べた上で、一般兵役義務の徹底による三〇万人、すなわち三個軍団相当の平時戦力の増

14 Vgl. ebd., S. 74-97.

強を唱えている。さらに、東西両戦線での長期戦を想定しており、そこではドイツは劣勢に立たされることが予想されるために大量の食料、天然資源、弾薬の準備を不可欠と見なして、その要求も前記要望書に含まれていた。結局この案は、既存体制の支柱として期待されていた将校団の政治的信頼性が失われることへの懸念から早急な軍拡に反対する陸軍省の抵抗にあい、一九一六年度から始まる五年制予算に組み込むことで先送りされたが、[15] 国内政治上の帰結よりも軍事的論理を重視し、戦場での勝利を第一義とするルーデンドルフの姿勢は、第一次世界大戦での経験によって一層強められながら、政治の従属を伴う軍事独裁という『総力戦』での主張へと合流していく。

第一次世界大戦の勃発後、ルーデンドルフは、西部戦線でのリエージュ攻略、そしてとりわけ東部戦線でのタンネンベルクの戦いにおけるロシア軍の包囲という軍事的成功をもって、ヒンデンブルクとともに国民の間で英雄としての名声を獲得した。その名声を借りて国民の政府への信頼を回復することを期待した帝国宰相ベートマン・ホルヴェーク（Bethmann Hollweg）の協力も

15　Vgl. ebd., S. 88-96; Stig Förster: Militär und Militarismus im Deutschen Kaiserreich, in: Wolfram Wette (Hrsg.): Schule der Gewalt. Militarismus in Deutschland 1871 bis 1945, Berlin 2005, S. 33-54, hier S. 46-51; Stig Förster: Dreams and Nightmares. German Military Leadership and the Images of Future Warfare, 1871-1914, in: Manfred F. Boemeke; Chickering; Förster (Hrsg.): Anticipating Total War, S. 343-376, hier S. 364-365. 五年制予算（Quinquennat）とは、軍事予算が議会によって毎年承認をうけるのではなく、承認が五年ごとにまとめてなされる予算承認形態のことである。

あり、そして何よりもルーデンドルフ自身、第二次最高軍司令部の戦争指導に苛立ちを覚え、自分以外に誰もドイツを救うことはできないという強い自負心を原動力として、一九一六年、第三次最高軍司令部参謀次長（Der Erste Generalquartiermeister）に就任した。[16]

第三次最高軍司令部時代のルーデンドルフの行動を導いていた論理は、命令・服従という軍隊に典型的に見られるものであり、彼はこの行動論理を通して、軍隊以外の領域も捉えようとした。具体的に述べると、ルーデンドルフは、政治を軍指導部、すなわち自身の意志を忠実に実行する機関と見なし、政治的折衝や妥協という姿勢を受け入れようとしなかった。[17] その結果、軍事的必要性の充足という至上命題にいかに効率的に対処するかということが、ルーデンドルフには最重要事項として映るようになり、戦場における兵士や機械の投入および銃後での経済活動の最大化への追求がいわゆるルーデンドルフ独裁を特徴付けていった。[18]

この効率性至上主義は戦闘形態の以下の変更に特徴的に表れていた。一九一六年以降、第三次

16　Vgl. Wolfgang J. Mommsen: Die Regierung Bethmann Hollweg und die öffentliche Meinung 1914-1917, in: Vierteljahrshefte für Zeitgeschichte, Jg. 17 (1969; H. 2), S. 117-159, hier S. 146-147; Karl Heiz Janssen: Der Wechsel in der Obersten Heeresleitung 1916, in: ebd., Jg. 7 (1959; H. 4), S. 337-371, hier S. 347.

17　室潔『ドイツ軍部の政治史 １９１４―１９３３』早稲田大学出版部、一九八九年、21―22、35頁参照。

18　第三次最高軍司令部内に見られた、効率性を思考の中心に据える傾向について、vgl. Michael Geyer: German Strategy in the Age of Machine Warfare, 1914-1945, in: Peter Paret (Hrsg.): Makers of Modern Strategy from Machiavelli to the Nuclear Age, Princeton 1986, S. 527-597, hier S. 551.

最高軍司令部の下で、第一防衛線を死守するそれまでの考えとは異なって、敵を自陣地へと引き込んだ後に反撃を行うという柔軟性に富む縦深防御戦術がとられるようになった。そこでは、従来のヒエラルキーに基づいた戦闘行動から、個人もしくは小集団を基盤とした戦闘行動へと戦術原理に変化が生じていた。組織内でのヒエラルキー構造を重視する考えからの転換の背景にあったのは、現実の戦場での必要性に迫られての合理性の追求であったが、その論理的帰結として、実際の戦闘に無用な捧げ銃やグースステップも軍事訓練の現場から消えていった。さらに、この合理性は組織や人の動きの再検討だけではなく、協商国側に対する人的資源の劣勢を兵器によって補うことを目指した、兵器中心の戦闘計画の立案につながっていった。その結果として、軍への物資補給拡大の必要性をルーデンドルフはより強く感じるようになった。[19]

劣勢な兵員数を兵器・物資によって補う、もしくは戦力の中心に兵器を据える傾向が強まると、戦力増強のためには必然的に銃後での兵器生産能力を拡大する必要性が生じることとなる。その具体的な要求として第三次最高軍司令部が陸軍省（Kriegsministerium）に対して行ったものが、一九一六年のいわゆる「ヒンデンブルク綱領（Hindenburg Programm）」であった。この綱領の中では、機関銃や迫撃砲、弾薬の大幅な増産の必要性が唱えられた一方で、その実現のために労働力確保の喫緊性が認識されていた。具体的には、女性や未成年者の動員と並んで技能労働者の前

19　Vgl. Erich Ludendorff: Meine Kriegserinnerungen 1914-1918, Berlin 1919, S. 214-215; Nebelin: Ludendorff, S. 246; Geyer: German Strategy, S. 538, 540-541.

線からの引き揚げに始まり、生産現場の機械化の推進、そして日曜労働の導入にいたるまで、さまざまな措置が考えられていた。そして、それらの措置の検討の際には純経済的観点からの異論は考慮するべきではないとの要求が付け加えられていた。[20]

増産への産業界の協力を取り付けたのち、ルーデンドルフは最高軍司令部作戦部員であったマックス・バウアー（Max Bauer）陸軍中佐とともに、前記の経済政策の前提となる労働力確保の問題に取り組むことになる。彼らは既存の戦時動員法（Kriegsleistungsgesetz）の拡大によって労働力を最大限に引き出そうとした。例えば、操業を停止している繊維産業からの労働者の移転や、小売店といった戦争に直接関係しない産業での労働の制限、傷痍（しょうい）軍人や学生の軍需産業や農業への動員、職業や家事に従事していない女性への戦時労働義務の賦課が提唱された。その一環として、高等教育機関の戦時中の閉校も求められた。ルーデンドルフはさらに一歩進んで、占領地から労働力を強制移送することで労働力を調達することを要求しており、国際法や人道的観点からの憂慮を差し置くことを求めていた。[21]

20　Vgl. Nebelin: Ludendorff, S. 246-247.

21　Vgl. ebd., S. 251-258. 経済界への要求および労働者の確保の問題は、労働者の調達や投入、および資源、兵器、弾薬の調達を管理する戦争局（Kriegsamt）の設立につながった。それは陸軍省内に設置されたものの、第三次最高軍司令部のルーデンドルフから直接指示を受けて活動していた。さらにルーデンドルフの考える原案からは修正を受けたものの、一九一六年十二月には「祖国のための補助勤務法（Gesetz über den vaterländischen Hilfsdienst）」が帝国議会で可決された。その結果、一七歳から六〇歳までの男性に労働の義務が課せられ、彼このようにルーデンドルフは、軍事的必要性を満たすこと、それも効率的に満たすことが戦争での勝利につながると考えており、制限のある兵員数ではなく兵力の質の面での最大化、そして軍需産業の生産力の増進と効率化を追求していった。具体的には、戦闘力の向上により焦点を当てた軍事訓練、兵器中心の兵力増強および戦争局による経済の統制が軍事的必要性を盾に主張され、政治や産業界にはその忠実な実行が求められた。しかし、軍事的必要性の充足を至上命題としていたため、その範疇（はんちゅう）から抜け落ちる、国際法や国内政治、経済の観点から見て重要な要素に対しては配慮がなされないまま戦時政策が唱えられていった。経済を戦争の重要な、しかし従属的な道具と見なす戦時中のルーデンドルフの考えを踏まえると、総力戦における経済の役割に『総力戦』の一章分が割かれていることは頷ける。

ルーデンドルフは、戦争の勝敗を戦場および銃後の効率性に還元してしまっていたため、戦争の敗北の事実が目の前に現れたとき、必然的に戦場もしくは銃後での非効率性に敗北の原因を求めることになった。すなわち、一九一八年の春季攻勢（Frühjahrsoffensive）の失敗をうけて、戦争での敗北の責任は、前線の部隊および将校による戦闘の非効率性、さらには前線指導部によるそれにあるとルーデンドルフが考えたことは想像に難くない。ルーデンドルフは、部隊の規律がゆるみ、戦力の向上が望めないことを前線での指導部全体の責任と判断し、さらに続けて、さも

らの勤務地の決定権は戦争局に委ねられた。Vgl. dazu ebd., S. 260-267.

なければ一九一八年の春季攻勢の一部であるミヒャエル作戦（Operation Michael）、ジョルジェット作戦（Operation Georgette）の遅々とした前進を説明できないと、いらだちをもってある軍団長に対して責任を追及していた。[22] しかし同年九月までには、今度は戦況の悪化の責任を銃後に押し付け、銃後の戦争協力が不十分であったことを難じていた。それは同時に、軍とその指導者には敗北に対する落ち度がなかったという自己正当化の主張にもつながっていった。銃後からの協力への不満はその後、ルーデンドルフの中で先鋭さを増していった。一九一八年十月に参謀次長を罷免され、十一月にスウェーデンに亡命した後には、古代カルタゴの将軍ハンニバルの運命を自身のそれと重ね合わせ、ハンニバル、すなわち自分自身を、目的の達成を目の前にして故国から裏切られた悲劇の人物とまで考えるようになっていた。[23]

ルーデンドルフは革命に沸くドイツからスウェーデンに亡命して以降、敗戦の原因をつきと

22 Vgl. Roger Chickering: Sore Loser: Ludendorff's Total War, in: Roger Chikering; Stig Förster (Hrsg.): The Shadows of Total War, New York 2003, S. 151-178, hier S. 152-153; Alexander Griebel: Das Jahr 1918 im Lichte neuer Publikationen, in: VfZ, Jg. 6 (1958; H. 4), S. 361-379, hier S. 363.

23 Vgl. Chickering: Sore Loser, S. 153-154; Nebelin: Ludendorff, S. 280. 一九一八年十月にはルーデンドルフは、停戦の申し込みにいたった理由を説明する中で、議会多数派に敗北の責任を転嫁している。彼によると、議会多数派は責任を取るため、和平を結ぶ役回りを引き受け、敗戦処理を行うべきであった。Vgl. dazu Griebel: Das Jahr 1918, S. 369-372. ルーデンドルフに見られるような、軍が故国から裏切られた犠牲者であるという考えは、ワイマール共和国期になされた敗戦責任に関する「背後からの一突き伝説（Dolchstoßlegende）」をめぐる議論の文脈で捉えられなければならない。Vgl. dazu Hans Delbrück: Ludendorffs Selbstporträt, Berlin 1922, S. 63-64.

め、祖国、軍、そして自身の名誉を回復することを生涯の目的とするようになる。その結果、彼は第一次世界大戦後のドイツで、軍事評論家および政治活動家として広く知られるようになる。[24] 彼がまず初めに着手したのが回想録であった。彼はスウェーデンに亡命するとすぐにこれにとりかかり、一九一九年二月にはすでに草稿を書き終えていた。その後の推敲を経て同年夏に出版されることになった『大戦回想録（„Meine Kriegserinnerungen"）』[25] では主に、一方で戦場での成功を自分の功績とし、他方で失敗については責任を免れようという意図が見え隠れしていた。それは例えば、一九一六／一七年に石炭の供給が不足したときに、その危機を自身の参謀次長就任以前の準備不足に帰したのに対して、石炭夫を前線から帰還させた自らの措置を強調し、一九一七年以降行われた石炭供給の改善策を第三次最高軍司令部の功績として対照的に描いていることに代表的に表れている。[26] この出版意図の同一線上に位置するのが、一九二一年に出版された『最高軍司令部の活動に関する史料集　一九一六年から一九一八年にかけて（„Urkunden der Obersten Heeresleitung über ihre Tätigkeit 1916-1918"）』であった。この史料集では、回想録での記述を史料によって裏付け、政治指導部の敗戦責任を強調するため、例えば政治指導部が最高軍司令部に

24　Vgl. Chickering: Sore Loser, S. 151, 154.
25　日本語訳は、ドイツでの出版から二〇年以上後に、政治経済に関する箇所を中心に抄訳として出版された。ルーデンドルフ（法貴三郎訳）『世界大戦を語る：ルーデンドルフ回想録』朝日新聞社、一九四一年参照。
26　Vgl. Ludendorff: Kriegserinnerungen, S. 8, 272; Chickering: Sore Loser, S. 154-155.

対して十分な情報提供を行わなかったことを証明しようとしていた。[27]

回想録に話を戻すと、前述の敗戦責任を押しつける対象として後々までルーデンドルフの思想の底層を流れる「非国民」像がここで現れてくる。「政治的なそれに限らず、あらゆる類の戦争利得者（Kriegsgewinnler）は、個人的、政治的な利益を得るために国家の危機と政府の弱みに付け込み拡大していった。［中略］敵国のプロパガンダとボルシェヴィキの説く革命思想を前にドイツ人の精神状況は［それを受け入れる］下地ができており、その思想は独立社会民主党[28]（ＵＳＰＤ）を通して陸海軍の中で地歩を固めていった。誤った教えは一層広い大衆の中ですぐに勢いを得ていった」。しかしながら、戦争での利得者、ボルシェヴィキ、社会民主主義者という「非国民」はルーデンドルフにとっていわば「毒草（Giftpflanzen）」であり、さらにこの「毒草」が育つ土壌にも注目する。その土壌とは協商国側による食料封鎖と敵国のプロパガンダであった。これらによってドイツ国民の「最終勝利への信念は揺さぶられ」、「国民を分断し陸軍の精神を抑圧する形で平和への［中略］希求が生じてきた[29]」

27　Vgl. Erich Ludendorff: Urkunden der Obersten Heeresleitung über ihre Tätigkeit 1916-1918, Berlin 1921, S. v; Chickering: Sore Loser, S. 160.

28　Unabhängige Sozialdemokratische Partei Deutschlands. 社会民主党（ＳＰＤ）内の左派が一九一七年にＳＰＤから分裂して設立した政党。

29　Ludendorff: Kriegserinnerungen, S. 285.『大戦回想録』の中で見られる、銃後の崩壊と国民の意志の弱さとの回想録出版後も敗戦原因の探求は続き、ルーデンドルフは結局その原因をユダヤ人とするにいたった。彼は、戦後、汎ドイツ協会（Alldeutscher Verband）[30]の指導者たちと交流する中で彼らのイデオロギーに興味を向けていき、反セム主義を主張する書物の中から、戦争を破綻させた革命とユダヤ人の結びつきに関する確証を得ていった。[31]反セム主義に加え、フリーメイソンへの敵意も彼と交流のあった政治的右派の中で広く見られた思想であり、そのため、フリーメイソンはルーデンドルフの思想の中で、ドイツ国民の破滅を願い、国民という枠組みを超えて活動する「超国家権力（Überstaatliche Mächte）」の一角を占めていくことになる。[32]

この「超国家権力」への、陰謀論にも似た猜疑心を助長したのが、一九二六年に結婚した後妻

30　人種主義的世界観をもち、対外拡張を唱えた政治的右派の民間団体。一八九一年から一九三九年まで存続した。関連については、vgl. Chickering: Sore Loser, S. 156.

31　Vgl. Chickering: Sore Loser, S. 161.

32　Vgl. ebd., S. 168; Rudolf Radler: Ludendorff, Mathilde geborene Spieß, in: Historische Kommission bei der bayerischen Akademie der Wissenschaften (Hrsg.): Neue Deutsche Biographie. Bd. 15., Berlin 1987, S. 290-292, hier S. 291. 後のルーデンドルフの著作である『フリーメイソン殲滅に向けた秘密の暴露（„Vernichtung der Freimaurerei durch Enthüllung ihrer Geheimnisse"）』（一九二七年）の中では、フリーメイソンとユダヤ人との関連として、「フリーメイソンの『秘密』とは場所を問わず、ユダヤ人のことである」と述べ、同書の目的として「ドイツにいるフリーメイソンの、ユダヤ人への従属を示す」ことを掲げていた。Erich Ludendorff: Vernichtung der Freimaurerei durch Enthüllung ihrer Geheimnisse, München 1927, S. 6.

マチルデ・フォン・ケムニッツ（Mathilde von Kemnitz）の存在であった。[33] 彼女は、一八八二年生まれで、第一次世界大戦前としては珍しいことに、女性でありながら大学に入学し、医学博士号を取得した。その後は、研修医として勤務したのち、精神科医として独立し、一九一七年以降は私立保養所の所長として医師生活を送るようになる。彼女は、順調であった職業生活の一方で、公の場での政治的議論にも積極的に参加し、フェミニズムに関する著作を発表していった。著作の中では、男性が支配的であった大学での経験を踏まえて、男女の知性の比較は社会的な男女の機会均等を背景にしてのみ有意性をもつと主張した。その後、彼女の関心はフェミニズムから宗教論／哲学へと移り、生物学的進化論と人種思想、そしてカント、ショーペンハウアー、ニーチェの思想を融合させ、民族性に根ざした信仰を主張するようになる。彼女の考えによると、ドイツの「人種的遺伝資質（Rasseerbgut）」と古代ゲルマン人の宗教性によって民族固有の「宗教認識（Gotteserkenntnis）」を獲得できる。その際にキリスト教倫理は、人間が存在の究極の目的に向かって前進することを妨げるものでしかない。[34] マチルデの使用するこれらの、反キリスト

33　Vgl. Erich Ludendorff: Vom Feldherrn zum Weltrevolutionär und Wegbegleiter Deutscher Volksschöpfung. Meine Lebenserinnerungen Bd. 1; 1919 bis 1925, München 1941, S. 13-14.

34　Vgl. Radler: Ludendorff, Mathilde, S. 290. マチルデの思想が及ぼしたルーデンドルフへの影響の詳細については、vgl. Chickering: Sore Loser, S. 167-169. このマチルデの宗教観は、その後新興宗教の性格を帯びるようになる。一九三〇年には、マチルデの思想に基づいて宗教団体「ドイツ国民（Deutschvolk）」が設立され、ドイツ人の「宗教認識」が教義の中心に据えられた。そして一九三二年には、それ以前から週刊誌『ルーデンドルフの国

教的ではあるが、宗教性を帯びた人種主義の用語は、ルーデンドルフの『総力戦』においても再び見出すことができる。

政治的右派やマチルデの思想による影響の結果、ルーデンドルフの思想の中で「超国家権力」の全体像が形成され、彼の目には、「国民の団結性を引き裂く存在として、しかしまた国民の支配者として『超国家権力』、すなわちユダヤ人とローマ［教会］が、その手先であったフリーメイソンやイエズス会、オカルトで悪魔的な集団と並んで現れるようになった」[35]。国民という枠を超えて活動する組織への一般的な猜疑心と、彼ら「非国民」を原因とした敗戦――事実誤認であると

民物見塔（„Ludendorffs Volkswarte"）』の付録として存在していた『神聖なる泉にて（„Am heiligen Quell"）』が同団体の機関紙として発行されるようになった。同団体は、国民社会主義政権下で一度は活動禁止の命令をうけたが、ルーデンドルフがヒトラーと会見することで、一九三七年には「ドイツ宗教認識連盟（Bund für Deutsche Gotterkenntnis）」が後継団体として再建された。第二次世界大戦後も同団体は存続したが、一九五九年に反セム主義的記事が機関紙『泉（„Der Quell"）』（一九四八年より発行）に掲載されたことをきっかけに、反憲法的態度を理由にして一九六一年に解散が命ぜられた。その後、解散命令は一九七一年に連邦行政裁判所によって取り消されることになる。Vgl. dazu Radler: Ludendorff, Mathilde, S. 291. 現在も同団体はマチルデ・ルーデンドルフの思想を広めることを規約に掲げ活動しているが、その反セム主義を含む思想的傾向から、反憲法思想調査機関である連邦憲法擁護庁（Bundesverfassungsschutz）の観察下におかれている。Vgl. dazu Homepage vom Bund für Gotterkenntnis (Ludendorff e. V.). URL: <http://www.ludendorff.info/> [Abfragedatum 7. Juni 2015]; Homepage vom brandenburgischen Verfassungsschutz. URL: <http://www.verfassungsschutz.brandenburg.de/cms/detail.php/lbm1.c.342274.de> [Abfragedatum 7. Juni 2015]

35　Ludendorff: Vom Feldherrn, S. 13.

しても、ルーデンドルフにそのように認識されていたことが重要である——という直接的な契機とが、『総力戦』の中で、総力戦の勝利のために国民精神の重要性を強調する根拠となっていく。

国民精神の重要性の強調とは別に、世界大戦後のルーデンドルフの考えを規定したのは、軍事の政治に対する優位であった。ルーデンドルフは亡命先のスウェーデンから帰国した後、汎ドイツ協会の指導者に加え、右派の活動家、ジャーナリストや軍人と交流を深めていく中で、彼もまた軍人の権威が支配的である国家をワイマール共和国に代えて樹立する必要があると考えるようになった。その思想の実現を目指したのが、一九二〇年にワイマール共和国転覆を図った一部の軍の反乱、カップ一揆（Kapp-Lüttwitz-Putsch）であり、ルーデンドルフもその渦中にあって自身の人脈を提供することで重要な仲介役を果たした。[36] カップ一揆は結局、労働者によるゼネストによって挫折する。その後ミュンヘンに移り住んだルーデンドルフは、引き続き政治的右派サークルの中心的人物の一人として政治活動を続けた。なかでも、彼はアドルフ・ヒトラーを右派サークルへ引き合わせることでドイツ国民社会主義労働者党（ＮＳＤＡＰ）の政治的信用を高め、そのミュンヘンにおける活動を助けることになる。[37] しかしながら、国民社会主義者との協力関係は

36　Vgl. Chickering: Sore Loser, S. 159-160. しかしながら、一揆計画の混乱から彼は一揆の中心的集団とは距離をとるようになっていった。Vgl. dazu ebd.

37　Vgl. Hellmuth Auerbach: Hitlers politische Lehrjahre und die Münchner Gesellschaft 1919-1923. Versuch einer Bilanz anhand der neueren Forschung, in: VfZ, Jg. 25（1977; H. 1), S. 1-45, hier S. 30.

一九二三年のいわゆるヒトラー一揆への参加と挫折、[38] 一九二五年の大統領選へのドイツ国民社会主義労働者党の大統領候補としての出馬とそこでの惨敗をもって終わりを迎えることになる。

政治的活動が挫折した一方、ルーデンドルフは著述活動を通して自己の主張を本格的に展開するようになる。『最高軍司令部の活動に関する史料集　一九一六年から一九一八年にかけて』に続いてカップ一揆後の一九二二年には、『戦争指導と政治（„Kriegführung und Politik"）』を出版する。『戦争指導と政治』では、一八七一年のドイツ統一以前および第二帝政時代の軍事情勢を描きながらも、紙幅の大半を第一次世界大戦の叙述にあてている。しかし、同書は回顧録の性格から脱しており、彼の関心が第一次世界大戦という個別事例の叙述から重点が移ってきていたことを示していた。言い換えると、第一次世界大戦の体験を汎用的な表現にまで高めることに主眼が置かれていた。「現在、我々はドイツ史の中でこの［ドイツ国民に固有の生存形態が失われた］章の終わりに、そして新しいそれの始まりに立っている。我々はこの地上で再び適応していかなければならない。そのためには直近の過去を明瞭に洞察することが有益であり、それは争いのためではなく、将来に向けて学ぶためである」。[39] その過去から教訓を引き出す上で論点の中心となった

38　ルーデンドルフはヒトラー一揆での挫折後、尋問を受けるが、国家反逆罪を問うには証拠不十分として無罪判決を受けた。Vgl. dazu Bernd Steger: Der Hitlerprozess und Bayerns Verhältnis zum Reich 1923-24, in: ebd., (H. 4), S. 441-466, hier S. 465.

39　Erich Ludendorff: Kriegführung und Politik, Berlin 1922, S. VIII.

のが、戦争指導と政治の関係であった。そのため『戦争指導と政治』はルーデンドルフの思想遍歴の中で、第一次世界大戦敗戦の個別原因の探求から『総力戦』での戦争理論の構築へといたる架け橋となる位置づけを有していたといえる。

具体的には敗戦の原因として、戦争指導と政治の関係への理解の欠如が挙げられている。ルーデンドルフの考えに沿うと、戦争指導と政治は同一のものであり、「国民の生活に関するものすべてを含む」政治は「戦争に資するものでなければならない」。その限りにおいて、「この［政治と戦争指導の間の互いの］理解がどちらか一方の側で欠如している場合、弊害は免れ得ない」[40]。ルーデンドルフは、その相互理解が存在した好事例として、一八六六年から一八七一年までのドイツ統一をめぐる諸戦争の際に見られた、政治家オットー・フォン・ビスマルク（Otto von Bismarck）と参謀総長ヘルムート・フォン・モルトケ（Helmuth von Moltke）（大モルトケ）の関係を挙げている。そこでは役割分担についての共通理解および両者の間での協力関係が見られた[41]。それとは対照的に第一次世界大戦では、政治指導部の中で戦争指導についての理解や、政治と戦争指導との関連についての理解が完全に欠如していたため、戦争指導部が十分な資源の供給をうけることもなく、国民の団結性を強化する努力もなされなかった。ルーデンドルフは、この弊害の具

40 Ebd., S. 1-2, 5, 23.
41 Vgl. ebd., S. 28.

体的表れとして、国民精神が「国際的、平和主義的、敗北主義的な考えの沼」に深く沈み込んでいくことを政治が放置し、それが「一九一七年七月一九日の［帝国議会による］平和決議と和解による和平の締結という考え」につながっていったことを挙げている。[42] ルーデンドルフにとって、この平和決議は戦争への敵国の意志を強め、ドイツ人に自身の力への信頼を失わせた。そして平和を求める考えがもたらした悪影響を強調するために、平和決議が結局はドイツ国民に犠牲をもたらすことになったと述べている。すなわちルーデンドルフは、ヴェルサイユ条約による賠償金や軍備制限を、政治指導部が戦争指導を不十分にしか理解していなかったことの結果ととらえ、そのため、彼にとってドイツ国民は現在「自らの生活、名誉、自由」をもって、政治指導部の行いを償っているのであった。[43]

また、戦争指導と政治というこの論点を形成するにいたった中で注目すべき傾向として、ルーデンドルフによる、クラウゼヴィッツ『戦争論』の深い読み込みに基づくそれとの知的格闘とまではいえないまでも、『戦争論』との思想的接触が見られる。ルーデンドルフは、クラウゼヴィッツの唱える政治を外交の意味で捉えることでクラウゼヴィッツの有名な命題「戦争とは他の手段

42　Ebd., S. 2, 329-330. 一九一七年の平和決議では、領土拡大の否定や国際的な司法組織の設立への意志が表明され、諸国民の融和が唱えられた。Vgl. dazu 116. Sitzung des Reichstags, 19. Juli 1917, in: Verhandlungen des Reichstags, XIII. Legislaturperiode, II. Session. Bd. 310, Berlin 1917, S. 3573.

43　Ludendorff: Kriegführung, S. 130-131, 255.

をもってする政治の継続にほかならない」を修正し、「その［クラウゼヴィッツの］文は『戦争は他の手段をもってする外交にほかならない』とならなければならず、［中略］次の文でもって補う必要がある。それは、『それ［外交］以外においては政治全体［経済政策を含む国内政治］は戦争に仕えるものでなければならない』ということである」と述べている。ルーデンドルフによると、「この［命題の］場合には、外交しか彼［クラウゼヴィッツ］の眼中にない。戦争指導と国内政治や、そもそも経済政策との関連についての考えはクラウゼヴィッツには縁遠いものであった」。しかしルーデンドルフは、クラウゼヴィッツの命題の有効性に対してそのような限定をつけているものの、戦争指導に対する政治（外交）の優位を認めている。さらに、政治（外交）と戦争指導の間での相互理解の必要性をクラウゼヴィッツの主張として採り上げ、「全く妥当なもの」と評価した上で、この相互理解の有無と国家の盛衰との間の関連性の観点から、古代カルタゴから第二帝政時代までを簡単に振り返っている。[44] 例えば、古代ローマでは将軍職が政治職である執政官によって一手に握られていたために国家の繁栄があったとされ、政治と戦争指導の間の相互理解の重要性が確認されている。それとは反対に、政治と軍事の均衡が失われそれ

44 Ebd., S. 2, 5-6, 23. クラウゼヴィッツの戦争理論に対してルーデンドルフがとった態度に関して、『戦争指導と政治』と後の『総力戦』の間で注目すべき相違が見られる。ルーデンドルフは前者の中で確かにクラウゼヴィッツの有名な命題を修正してはいるが、そこでは『総力戦』に見られるようなクラウゼヴィッツの全否定は見られない。Vgl. dazu ebd.

が国家の崩壊につながった例としてルーデンドルフはカルタゴの将軍ハンニバルが政治から裏切られたことに焦点が当てられている。[45] さらにクラウゼヴィッツへの同意は、彼の理論を第一次世界大戦からの教訓とともに国民へ普及させるべきという主張にもつながっていった。ルーデンドルフにとって、クラウゼヴィッツの教義はすべての高等教育機関や市民講座（Volkshochschule）で教えられるべきであり、これによってのみ、国民の適切な指導者の登場が担保されるのであった。[46] このように、第一次世界大戦から時がたつにつれ、ルーデンドルフの思想は、第一次世界大戦の具体的な歴史叙述からその抽象化へと、徐々にではあるが関心の重点が移行していった。そして、クラウゼヴィッツへの言及はその一つの兆候と考えられる。『戦争指導と政治』の中では、戦争と政治の関係だけにとどまらない主題が論じられている。すなわち、クラウゼヴィッツの主張である、政治（外交）と戦争指導の間の相互理解の主体を国民や指導者（Führer）と措定することで、国家指導者の像に関しても考察が及んでいる。ルーデンドルフによると、「クラウゼヴィッツの意図するような、政治的交渉の指導に戦争というものへのある種の洞察が欠けてはならないという考えは、もはや十分といえない。国民自身がこの洞察を有していなければならない」。この国民は「戦争における必要事項」を理解し、「その意志を表明

45　Vgl. ebd., S. 5.
46　Vgl. ebd., S. 341-342.

する。この国民が必要とする指導者は（中略）、国民をそれが進もうとするところへと導く」。[47]
ルーデンドルフは、このように指導者の役割を導き出した後に、その詳細へと移っていく。指導者の資質としてまずは、「何ら虚栄心や利己心をもたず祖国を自己よりも高く位置づけるドイツ人で、人種・義務・権力の自覚のある者（男性）、すなわち神である主、国民、己れの良心に対する個人的な責任のみを知っている、強力な意志をもった聖人君子（Herrennatur）」であることが挙げられている。さらにルーデンドルフは、指導者に対して、戦争と政治の関係についての深い理解をも求める。「自己を指導者と考える者が世界大戦における政治と戦争指導［の歴史的事例］に取り組むならば、それは望ましいことである。しかし、これまでよりも［この取り組みを］掘り下げなくてはならず、あらゆる関連を理解しようとしなければならない」。ここでの「あらゆる関連」とは、戦争と政治の間のそれを主として意味している。[48]
しかし、このようにルーデンドルフの主張する指導者像を読み解いていくと、ロジャー・チケリング（Roger Chickering）も述べているように、自分自身を適格な指導者として考えている節が見受けられる。なぜならば、ルーデンドルフ自身が、同書の中で政治と戦争指導の関係について主に第一次世界大戦をもとに取り組んでおり、彼自身の経験自体が望ましい指導者の前提条件と

47 Ebd., S. 341.
48 Ebd.

なっているからである。[49] さらに、祖国を第一に考える滅私の精神という条件についても、ルーデンドルフは自身がそれを満たしていると考えていた。先の『大戦回想録』の中で見られる、「自身の人生は祖国、皇帝、陸軍のための仕事であった。戦争の四年間、私は戦争のためにのみ人生を捧げていた」という章句からは、彼の自己犠牲の精神への強い自負心が伝わってくる。[50] このように『戦争指導と政治』では、暗にルーデンドルフ自身の経験から強く導き出されつつも、一般的に必要とされる指導者の資質が述べられている。『総力戦』ではこれをもとにする形で、総力戦における「将帥（Feldherr）」のあるべき姿が一章分を割いて考察されることになる。

ここまで、主に一九二〇年代におけるルーデンドルフの一連の著作を検討することで、戦争に関する彼の認識がどのようにして形成されてきたかを明らかにしてきた。すなわちそれは、『戦争指導と政治』を契機として、第一次世界大戦の体験の叙述から戦争一般、特に総力戦へと著作で扱われた主題が変遷してきたことに表れている（表1参照）。しかし、これらの著作、とりわけ『戦争指導と政治』に見られる戦争認識が、すぐさま『総力戦』での理論的な戦争把握へとつながったわけではなかった。ルーデンドルフは、来るべき戦争への危機感から将来戦の様相を予言する書物を一九三〇年に出版した。『ドイツの地における世界戦争の脅威（„Weltkrieg droht auf

49　Vgl. ebd.; Chickering: Sore Loser, S. 163.
50　Ludendorff: Kriegserinnerungen, S. 10.

表１　『総力戦』へといたる過程——ルーデンドルフの主要著作テーマの推移＊

出版年	主要著作	テーマ							
		総力戦理論の構成要素＊＊							第一次世界大戦の叙述
		総力戦の本質	総力戦遂行を支えるもの			総力戦の軍事的遂行		総力戦の指導者	
		戦争と政治	国民の団結性	経済	軍の人的・物的資源	戦術	軍事戦略	将帥	
1919	大戦回想録	×	×	×	×	×	×	×	○
1920	最高軍司令部の活動に関する史料集	×	×	×	×	×	×	×	○
1922	戦争指導と政治	○	×	×	×	×	×	△	○
1927	フリーメイソン殲滅に向けた秘密の暴露	×	○	×	×	×	×	×	×
1935	総力戦	○	○	○	○	○	○	○	△

＊　ここでは各著作で中心となっているテーマのみプロットを実施

＊＊『総力戦』の章立ての順序に沿って記載

凡例：○ ＝ 主要テーマ（灰色の網掛け部分）　× ＝ まとまった言及無し

△ ＝ まとまった言及有り　⇦ ＝ 関心の移行

著者作成

deutschem Boden")』では、各国の兵力比較を行った後に、ドイツの兵力の低さを強調するためにドイツの軍備に関する考察を行う。ここではドイツの軍事力の現状および将来の短期的見通しを予測している。それを踏まえて、二年後に勃発するとルーデンドルフが予言する戦争へと考察の対象が移り、具体的な戦局の推移が叙述されている。[51] 確かに、淡々とした戦局の推移の記載からは、戦争の本質について論じる意図は感じられない。しかし、『ドイツの地における世界戦争の脅威』は、ルーデンドルフの中で、将来戦が具体的な姿をもって、そして危機感をもって意識され始めた兆しと考えられる。要するに、一九二〇年代のルーデンドルフの戦争認識が、将来戦への具体的な危機意識と交わったところに、総力戦の理論化への取り組みの原動力が生じたといえる。

以上、ルーデンドルフの来歴を述べることで、『総力戦』を理解する糸口を探ってきた。その糸口とはすなわち、第一に、軍事・経済政策への取り組みといった、帝政期から第一次世界大戦期にわたる経験、第二に、戦後の著述活動を中心として発展させていった思考的枠組み、および第

51　Vgl. Erich Ludendorff: Weltkrieg droht auf deutschem Boden, München 1930. ルーデンドルフによると、一九三二年五月一日に戦争が起きるはずであった。ルーデンドルフは、これまでの世界史での重要な出来事が、ユダヤ教の神秘主義が唱える暦に則って「超国家権力」により実行に移されてきており、来る戦争もその例にもれないと考える。そのため、ユダヤ教の神秘主義の考え方において、戦争を開始するために都合のよい前記の日に戦争が起こるとルーデンドルフは予言した。結局、このルーデンドルフの予言は見事に外れることになる。Vgl. dazu ebd., S. 48-49.

三に、将来戦への関心であった。そして、これらが時系列に沿って積み重なっていく様を見ることによって、一九三五年の『総力戦』の出版へといたる道筋を明らかにすることができたのではないかと思う。

二　戦間期の思想

「総力戦」概念の構想にいたるルーデンドルフの思想の変遷を縦糸とすると、今度は、横糸とも呼べる、「総力戦」という言葉自体の由来を見てみたい。結論から述べると、「総力戦（Totaler Krieg）」という言葉は、ルーデンドルフが無から生み出したものではなく、当時の三つの思想的潮流の上に築かれたものであった。

第一に、第一次世界大戦もしくは戦争一般を叙述するために「全体（Total）」と「戦争（Krieg）」を結びつける傾向が第一次世界大戦中および大戦後にフランス語圏で見られたことが挙げられる。チケリングによれば、「総力戦（Totaler Krieg）」という言葉の初出はジョルジュ・クレマンソー（Georges Clemenceau）が使った言葉、「全体戦争（la guerre intégrale）」である。一九二〇年までフランス首相を務めることになる彼は、一九一七年の首相就任時に、非軍人である自身が率いる政権が戦争指導全般に権限を行使する覚悟を前記の言葉でもって表現した。[52] さらに第一次世界大戦後には、「総力戦争（la guerre totale）」という小冊子が発行されたり、「全面非武装（désarmement total）」という概念が一九二六年から一九二八年のジュネーブ軍縮会議で使用されたりと、「戦争（guerre）」と「全体（total）」を結びつけることは、すでに一九二〇年代において少なくともフランス語圏では目新しいことではなかった。[53]

次なる潮流は、戦間期のドイツにおいて、政治・社会問題を解決する方策や新しい芸術概念を述べる中で「全体（Total）」という言葉が形容詞としてしばしば登場したことである。この言葉は、戦間期のドイツで、政治的右派サークルに限らずに聞かれたものであった。その例がバウハウス設立者であった建築家ヴァルター・グロピウス（Walter Gropius）の「全体劇場（Totales Theater）」という概念である。彼は「全体劇場」という概念を用いながら、観客を劇の一部に取り込む新しい構想を提案した。その他にも、ワイマール共和国では、第一次世界大戦をたびたび主題としたエッセイストおよび小説家であるエルンスト・ユンガー（Ernst Jünger）によって「軍事」と「全体（Total）」が結びつけられるようになる。彼は、一九三〇年出版の『総動員（„Totale

52　Vgl. Roger Chickering: Total War. The Use and Abuse of a Concept, in: Boemeke; Chickering; Förster (Hrsg.): Anticipating Total War, S. 13-28, hier S. 16-17.

53　カール・シュミット著、長尾龍一編、「全面の敵・総力戦・全体国家［一九三七年］」『カール・シュミット著作集Ⅱ　１９３６―１９７０』慈学社出版、二〇〇七年、25―31頁、ここでは26頁参照。

Mobilmachung")』の中で、先の戦争で見られるように、攻撃の対象となるという点で戦闘員と非戦闘員の区分が消滅し、さらに経済の重点が軍需生産へとシフトしていくに伴い、実際の戦闘での貢献と銃後での労働奉仕は果たす役割において差がなくなると述べている。そして、将来の戦争に関して、物理的な戦闘力だけではなく精神の武装も必要であると主張する。[54] ただしユンガーは、経済的な動員というよりも精神的な動員に焦点をあてた戦争論を展開していた。ユンガーと並行するように、学術の世界でも戦争と社会全体、国家の関係といった主題は考察されることになる。新ヘーゲル主義社会学者ハンス・フライアー（Hans Freyer）は、国家の存在理由を戦争に見出し、戦争のために社会を動員する国家の姿を規範とする理論を提示した。法学者ルドルフ・スメント（Rudolf Smend）もまた、全体国家（Der totale Staat）のみが国家と社会の統合を成功させることができると説き、それをうけて国法学者カール・シュミット（Carl Schmitt）は社会のあらゆる領域を把握する国家を想定した主張を展開した。国家に対してこれまで中立であった宗教、文化、教育、経済といった領域は国家に対して中立であることを停止するのである。とすれば国家は、国家と社会の同一性を目指し、社会のあらゆる領域へ関心をもつ「全体国家」として現れ

54　Vgl. Jan Willem Honig: The Idea of Total War: From Clausewitz to Ludendorff, in: Konferenz „The Pacific War as Total War", 14. September 2011, Tokio 2011, S. 29-41, hier S. 35; Lars Koch: Der erste Weltkrieg als Medium der Gegenmoderne: Zu den Werken von Walter Flex und Ernst Jünger, Königshausen u. Neumann 2005, S. 279 およびシュミット「全面の敵・総力戦・全体国家」26頁参照。

る。この議論を掲載した一九三二年のシュミットの論文『政治的なものの概念（„Der Begriff des Politischen"）』の翌年には、彼の教え子であるエルンスト・フォルストホッフ（Ernst Forsthoff）も『全体国家（„Der totale Staat"）』という小冊子を出版する。フォルストホッフは、社会のあらゆる要素にまで管理を拡大する国家のみが生き延びることができるとして、役割を拡大する国家の必然性を説いた。[55] このように、戦間期のドイツでは、それぞれの対象の意味内容が拡大していく様を、「全体（total）」という言葉を用いて捉えようとする試みがなされていた。

第三の潮流は、ワイマール共和国期に見られた、第一次世界大戦を新しい戦争形態の登場と捉える考えであった。確かに、国家に「全体」という形容詞がつけられることはあったが、戦間期のドイツ語圏では、戦争に「全体」という形容詞をつけることはまだ一般的ではなかった。しかし、ルーデンドルフが後に総力戦と規定する概念の主だった構成要素は、軍事史上の一つの区切りをなすものとしてすでに第一次世界大戦終結直後から同時代人に認識されていた。ルーデンドルフによる『総力戦』出版以前には、住民をも含むようになった戦争目標の拡大、破壊力を増した兵

55　Vgl. Carl Schmitt: Der Begriff des Politischen. Text von 1932 mit einem Vorwort und drei Corollarien, 3. Aufl., Berlin 1963, S. 24; Hans-Ulrich Wehler: Krisenherde des Kaiserreiches 1871-1918, Göttingen 1870, S. 98-101; Honig: The Idea of Total War, S. 35-36; Chickering: Sore Loser, S. 171-172; Markus Pöhlmann: Von Versailles nach Armageddon. Totalisierungserfahrung und Kriegserwartung in deutschen Militärzeitschriften, in: Stig Förster (Hrsg.): An der Schwelle zum Totalen Krieg: Die militärische Debatte über den Krieg der Zukunft 1919-1939, Paderborn; München (u.a.) 2002, S. 323-392, hier S. 347.

器および国民の心理状態へ働きかけるプロパガンダの投入といった戦争手段の質的変化、さらに戦場に投入される兵員の数の増大に見られるその量的変化は、しばしば第一次世界大戦以前から使われていた、「生死をかけた戦い（Kampf auf Leben und Tod）」、「生存闘争（Existenzkampf）」、「国民戦争（Volkskrieg）」といった概念で説明されており、それらは新しい戦争形態を記述するために創られた言葉ではなかった。つまり、戦争形態の新規性を的確に表現する概念は存在していなかった。[56]

ルーデンドルフは、これらの潮流をうけて「総力戦」という言葉にたどり着いたと考えられる。すなわち彼は、フランス語圏での「総力／全体戦争」という言葉の使用例（第一の潮流）を一般的な背景として、対象の意味内容が拡大していく動きを把握しようとする試み（第二の潮流）を、新たな戦争形態という考察対象（第三の潮流）にまで拡大したのであった。[57] そして、「総力戦」

56　Vgl. Pöhlmann: Von Versailles nach Armageddon, S. 347. イタリアの話になるが、戦間期にはとりわけ空軍理論において新しい形態の戦争が語られた。例えばイタリアの軍人ジュリオ・ドゥーエ（Giulio Douhet）の著作『制空（„Il dominio dell'aria"）』の中で、技術の進歩により高まった空軍の重要性が唱えられ、彼によれば、産業集積地や人口集中地である後背地も新たに攻撃の対象となる。Vgl. dazu Günter Moltmann: Goebbelss' Rede zum totalen Krieg am 18. Februar 1943, in: VfZ, Jg. 12 (1964; H. 1), S. 13-43, hier S. 17.

57　確かに『ドイツの国防（„Deutsche Wehr"）』、『知と国防（„Wissen und Wehr"）』や『軍事週刊誌（„Militär-Wochenblatt"）』といった軍事専門誌では、ルーデンドルフ『総力戦』出版以前にも一九三四年の前半から「総力／全体（total）」という概念で戦争を捉えようとする考えは顕著になっていた。例えば、「総力航空戦（Totaler Luftkrieg）」（一九三四年一月）、「戦争指導の全体性（Totalität der Kriegführung）」（三月）、「総力戦（Totaler

という名称は、それが含意する統合的な性格によって、戦争に直接関与する領域が拡大した結果生まれた経済戦や心理戦の領域をも包含し、そのため新しい戦争形態を的確に表現していた。その妥当性ゆえに、「総力戦」という言葉およびその概念は『総力戦』の出版によって社会で定着していくこととなった。

Krieg)」(四月)、「『総力』戦(Der „totale" Krieg)」(十月)といった用語の使用が見られる。Vgl. dazu Pöhlmann: Von Versailles nach Armageddon, S. 348.

第二章　クラウゼヴィッツ思想との関係

以上見てきたように、確かに総力戦概念の成立はルーデンドルフの独創性にのみ負うものではなく、彼は同時代の議論と自身の経験を踏まえながら『総力戦』を著したが、これが注目を浴びた理由はただ単に「全体」という言葉と「戦争」という言葉を組み合わせただけではなかった。総力戦が新しい戦争形態であると印象付けるために重要な役割を果たしたのが、クラウゼヴィッツ批判であった。戦争理論の権威と見なされていたクラウゼヴィッツを批判することで、『総力戦』はその斬新性を外に向かって印象付けることに成功した。[58] では、はたしてルーデンドルフはクラウゼヴィッツを否定しなければ総力戦理論を展開できなかったのであろうか。ルーデンドルフの総力戦理論とクラウゼヴィッツの戦争論の間でのテキスト内在的な関連性は何であったの

58　ルーデンドルフのクラウゼヴィッツ批判への注目は、早い時期では一九二一年のヴォルフガング・フェルスター（Wolfgang Foerster）退役中佐の『戦争指導と政治』への書評、また一九三六年のヴィルヘルム・ミュラー・レープニッツ（Wilhelm Müller-Loebnitz）退役中佐の論文に見られる。Vgl. dazu ebd., S. 354 u. Anm. 106.

であろうか。

確かにルーデンドルフは、クラウゼヴィッツが戦争の目的を敵への意志の強制と考え、そのための手段として戦闘での敵戦力の殲滅（せんめつ）を述べていることにまずは冒頭で同意し、さらにクラウゼヴィッツの主張する敵兵力の殲滅を「総力戦指導の第一の任務」とまで評価している。[59] ところが、ルーデンドルフはこれに続けて、「それ［敵兵力の殲滅に関する主張］以外の点では、（中略）今日では多くの部分で時代遅れ」と強い調子でクラウゼヴィッツを否定することに転じる。[60] すなわち、ルーデンドルフはクラウゼヴィッツの有名な命題「戦争は［中略］他の手段による政治的交渉の継続にほかならない」にいたるやそれを正面から否定し、「政治は戦争遂行に資するものでなければなら」ず、「クラウゼヴィッツの理論はすべて放棄しなければならない」と結論付けている。[61] 政治を戦争指導の論理に従属させてしまうという軍事独裁を想起させる主張は、ルーデンドルフの体験したところの戦争の変化に由来しており、彼はその変化をクラウゼヴィッツの『戦争論』が捉えていないと考えていたことから、クラウゼヴィッツに批判の矛先を向けている。そ

59　本書、12頁。
60　同右。
61　Carl von Clausewitz: Vom Kriege, 5. Aufl., Berlin 1905, S. 19; 本書、24頁。以下、クラウゼヴィッツ『戦争論』の日本語訳については、カール・フォン・クラウゼヴィッツ（清水多吉訳）『戦争論　上下』中公文庫、二〇〇一年を参照しているが、必要に応じて一部修正を施した。

の変化とは、ルーデンドルフによれば、国民の団結性と経済の動員という二つの領域において生じたものであった。[62]

まず一点目の国民の団結性であるが、それは『総力戦』の章「国民の精神的団結性——総力戦の基礎」で扱われている。第一次世界大戦の体験から、戦争は「軍の事柄としてだけではなく、参戦国の国民構成員それぞれの生存と精神にさえ直接触れる」、すなわち、「陸軍だけでなく国民もまた直接的な戦争行為の影響を受け、食料封鎖やプロパガンダのような間接的な戦争行為によって被害を受ける」とルーデンドルフは主張する。[63] 国民自体が戦争行為の対象になることに加えて、国民の精神が軍へ与える影響も述べられている。軍が何百万単位という構成員からなる大衆軍になるとき、編入される兵士を伝声管として国民の精神状態から軍が受ける影響は不可避となり、さらに戦争が長引き、前線での勝利による士気の向上が望めない場合には、軍は最終的に国民の精神状態と同一化してしまう。[64] 彼がここで念頭においているのは、広がりつつあった厭戦(えんせん)

62 ハンス・シュパイアー(Hans Speier)は、ルーデンドルフの総力戦思想の特徴として国民の精神的団結の強調を挙げている。これについては、ハンス・シュパイアー「ドイツの総力戦観」エドワード・ミード・アール編著(山田積昭他訳)『新戦略の創始者~マキアヴェリからヒトラーまで　下』原書房、二〇一一年、29—50頁、ここでは42—43頁参照。

63 本書、15—16頁。

64 同右、26—27頁参照。

気分を背景として一九一八年十月にドイツで起きた水兵反乱であり、それをきっかけとした革命とそれに続く陸軍部隊の革命勢力への離反であった。そして、これが第一次世界大戦でドイツが降伏する直接的契機となった。この経験から彼は、「結局のところ国家ではなく『国民』が戦うのである」[65]と結論付ける。それにより、国民の精神的団結性が重要性を獲得し、その維持が総力戦指導の優先課題となるのである。ゆえに、この観点がクラウゼヴィッツの考察の対象から抜け落ちていることが、ルーデンドルフの目に重大な欠落と映ったことは間違いない。[66]

二点目である経済動員の重要性について、ルーデンドルフは、軍が銃後の国民から兵士の補充と並んで食料品、燃料、軍用品といった物的支援を必要としているという理由からそれを強調している。軍およびそれに資源を供給する国民が物資の面で困窮に陥らず、軍が戦争を遂行できることが担保されるために、総力政治（Totale Politik）は適切な財政・経済措置をとる必要がある。[67] ルーデンドルフは『総力戦』の中で明確には言及していないものの、戦争の長期化および地理的・人的規模の拡大に伴って生じた、物的資源の消費量の増大と、それに起因する戦場での物的資源の逼迫（ひっぱく）が経済動員の重要性を彼に認識させたと考えられる。この認識に基づいてルーデンドルフは、戦争遂行にとって適切な経済政策がもつ重要性を考察することをクラウゼヴィッツ

65　同右、51頁。
66　同右、34、50頁参照。
67　同右、21、52―79頁参照。

図１　クラウゼヴィッツの考える戦争の多様性

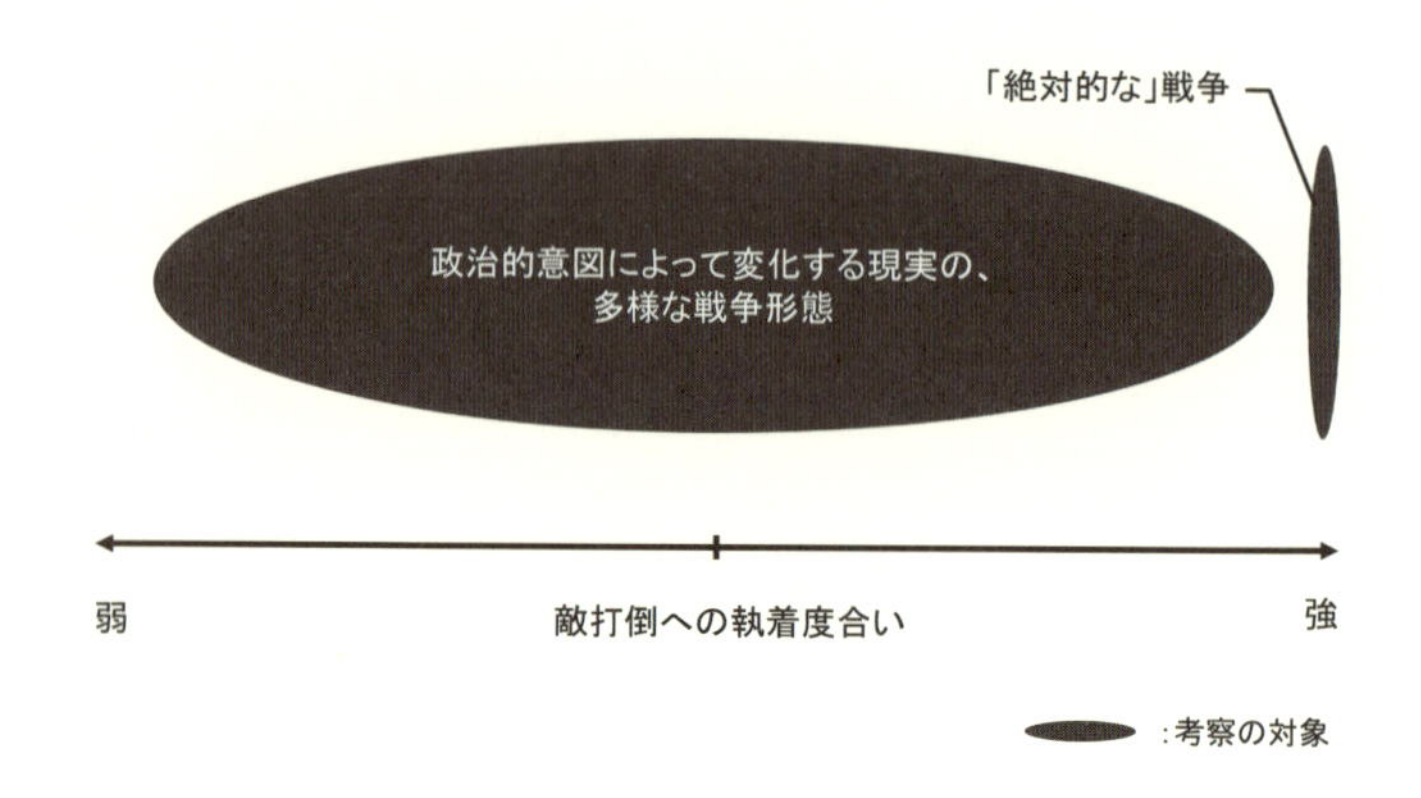

Carl von Clausewitz, Vom Kriege, 5. Aufl., Berlin 1905をもとに著者作成

が怠っていると批判している。[68]

第一次世界大戦でのこれらの変化を踏まえて、ルーデンドルフは、クラウゼヴィッツが唱える「戦争の多様性（Verschiedenartigkeit der Kriege）」の時代は終わったと断言する。[69] クラウゼヴィッツによると「戦争の多様性」とは、戦争の動機によってその暴力性の発露の度合いが変化するということである。「戦争の動機が大きくなればなるほど、その動機が国民の全存在にかかわる度合が高くなればなるほど、さらにまた戦争に先立つ緊張が殺気をおびてくればくるほど、戦争はそれだけその抽象的形態」、「絶対的なもの（Das Absolute）」、すなわち敵の殲滅行為に近づく。「これに反して戦争の動機と緊

68　同右、78頁参照。
69　同右、12頁参照。

図２　ルーデンドルフの考える戦争の没多様性

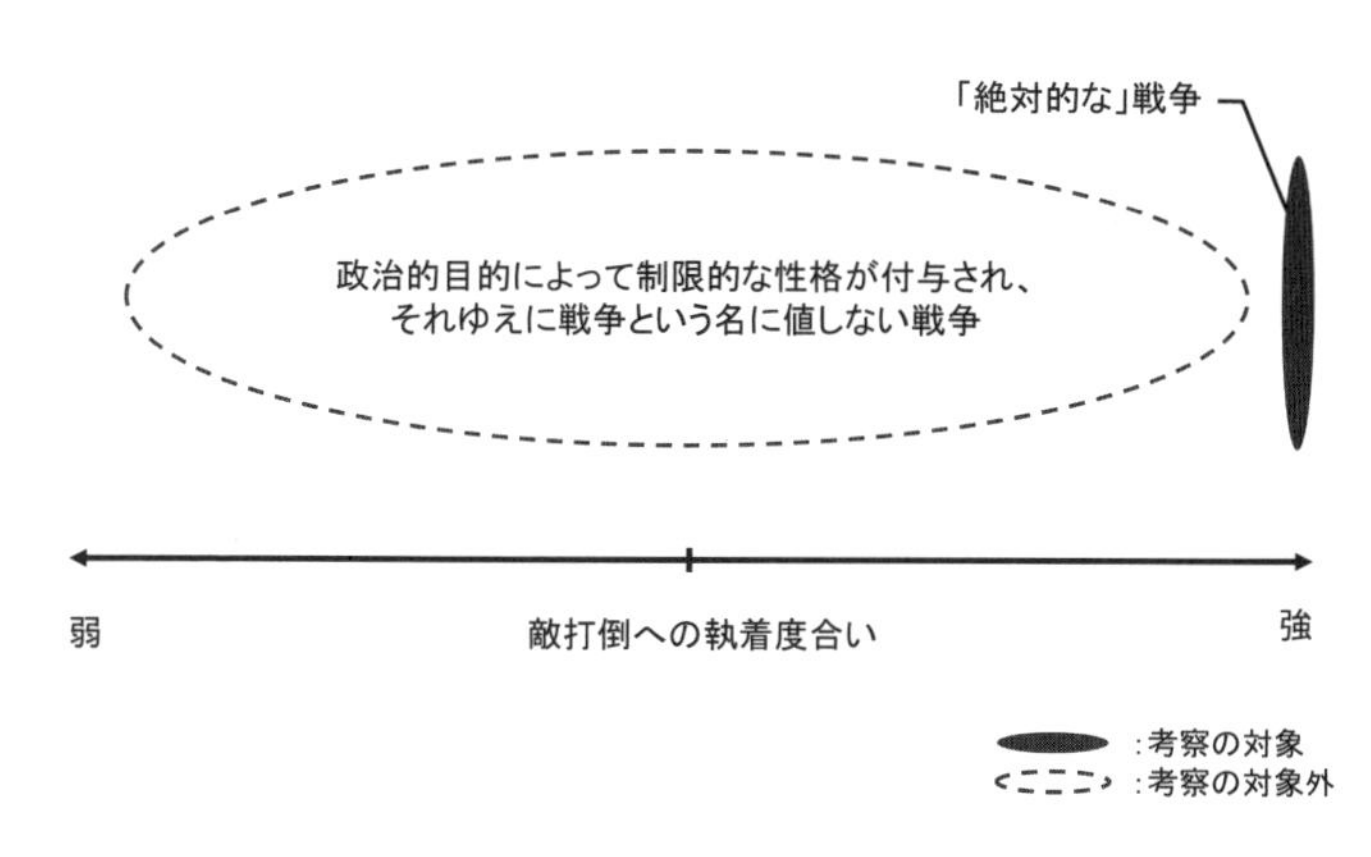

本書をもとに著者作成

張が弱まれば弱まるほど、［中略］戦争は必然的にその自然的傾向からそれてゆき、政治的目的と理念的戦争の目標とは離反してゆき、そして戦争はますます政治的になってゆくものである」[70]。後者の場合、敵の殲滅への傾向は政治的なものによってより強く和らげられることになる（図１参照）。

ルーデンドルフの考えでは、第一次世界大戦で初めて戦争は「絶対的な」形態をとるにいたった一方で[71]、戦争の動機が弱く政治的な意図が影響を及ぼす戦争は「崇高で重大な呼称である戦争という名に値しない」として、始めから戦争理論の考察範囲外とされている。彼は、そのような戦争の例として植民地戦争を挙げている。

70　Clausewitz: Vom Kriege, S. 7, 19.
71　本書、14頁参照。

これは確かに被植民者側から見るならば、ある社会的集団の生存がかかった総力戦と捉えられるが、植民者側にとっては敵を「容易に粉砕できる」性格を帯び、利益追求が目的となる「非道徳的な行為」とルーデンドルフは考える。[72] ルーデンドルフは、国民が生存を賭して戦うこと自体に道徳性を見出し、その道徳性が戦争であることの必要条件もしくは本質をなしていると考えているのである。

そのため、ルーデンドルフにとって戦争とは「絶対的な」形態でしかありえず、クラウゼヴィッツの主張する「戦争の多様性」は考えられなくなる(図2参照)。そして、ルーデンドルフは戦争の本質を国民の生存維持と捉えることから、彼にとって、生存を懸け、利用可能なすべての手段を戦争の勝利のために利用することは当然の要請となる。そこで描かれる戦争像においては、理想とされる「絶対的な」戦争との距離で戦時政策の良し悪しが判断される。その理想へ近づくという要請に対応するために、政治もまたその要請の名宛人となる。そのため政治は、「国民が最大限の力を発揮するという観点から[中略]国民が生存のあらゆる領域、とりわけ精神的な領域で自らの生存維持のために何を必要として何を要求しているのかについて細かな注意を向けなければならない」[73]。国民の全領域を包括するという意味で、ルーデンドルフは「総力政治」なるも

72 同右、16頁。
73 同右、24頁。

のを主張し、それは国民の生存維持という、いかなる手段を用いても達成するべき目的のために「戦争遂行に資するものでなければならない」[74]。そのため、戦争を政治の道具として後者に従属させてしまうクラウゼヴィッツの命題は、ルーデンドルフが捉える戦争像の中では否定を避けて通れない存在であった。

しかしながら、ルーデンドルフのクラウゼヴィッツ批判は、はたして的を射ていたのであろうか。この問いに答えるため、以下でクラウゼヴィッツの立場からルーデンドルフの総力戦理論を検討する。そして、ルーデンドルフのクラウゼヴィッツ批判が正鵠(せいこく)を射ていないとすれば、それは何に起因するのかについても以下で考察する。

まずは、ルーデンドルフが戦争の唯一の形態であると考えたところの「絶対的な」戦争について、クラウゼヴィッツがどのように構想していたのかを、『戦争論』第一部第一章を中心に検討する。クラウゼヴィッツはまず、現実の戦争から離れ、理念型（Idealtypus）として戦争とは何かを考える。そこで彼は、戦争とは敵に自身の意志を押し付けることを目的とした暴力行為であると定義する。意志を貫徹することが目的であり、暴力は手段にしかすぎない。すなわち、敵を殲滅し無防備の状態にすることによって意志を敵に押し付けることが重要となる。[75] さらに暴力は、

74　同右。
75　Vgl. Clausewitz: Vom Kriege, S. 3-4.

敵味方間での以下の三つの相互作用により連鎖的に高まり、極限にまでいたる。第一の相互作用は、徹底した暴力の使用を躊躇する限り、敵に対して劣勢に陥るため、この極限までの暴力の使用は競うように追い求められるということである。そして第二のそれは、敵を倒さない限り敵に倒されるという恐れから敵味方共に行動するということであり、最後の相互作用は、敵の抵抗力を上回るように戦争努力を高めようとするが、敵もまた同様に戦争努力を高めようとするということである。[76] このように、他の現象との関連を考慮せずに、戦争を単独で考察した場合に導き出された性質が戦争の「絶対的な」形態である。

しかし、その「絶対的な」戦争を現実世界に移植した場合、暴力の極限までの行使は緩和されることになる。その際には、暴力への三つの修正的作用が見られる。それは蓋然性の計算、偶然、勇気である。『戦争論』では、まずは戦争当事者が既存の情報に基づく蓋然性の計算にしたがって行動することが述べられる。このように戦争を蓋然性の計算に基づくものとしてしまう要素として三つのものがある。第一に、戦争当事者が抽象的な存在ではなく個別の意志をもった存在であり、将来の行動への意志は現在の状態の中に含まれているために、現在の状態から敵方の意志に関する推測的判断を下すことになる。第二に、すべての自然的要素や国土および住民を一度にまとめて戦争に投入できないため、戦争は一回きりの行為ではなく継続的な行為となる。そ

76 Vgl. ebd., S. 4-6.

のため、後の戦争行為の存在を考慮せずに、最初の勝敗の決定機にすべてを投入することはなくなる。そして第三に、戦争での勝敗は一時的なものであり、後の政治状況において挽回できるものと敗北者側が考えるということが挙げられる。[77] これらによって、戦争は蓋然性の計算に基づいて行われ、その結果、暴力の極限的使用の傾向は緩和されるようになる。

この蓋然性の計算のために時間的余裕を与えるものが、戦争でしばしば見られる戦闘停止状態である。この戦闘停止状態が生じる理由としてクラウゼヴィッツは、一方が行動を起こすのに有利な状況を待つことや、常に不確かな情報をもとに敵の状況を判断しなければならず、その場合、人間の性質上、敵戦力を現実以上に高く評価してしまうことで戦争行為の遅滞や中断につながるという二つの考えうる要因を挙げている。[78]

クラウゼヴィッツはさらに論を進め、戦争は賭けに似た現象になると主張する。賭けという性質に関連する二つの要因が、蓋然性の計算という戦争の性格をさらに強め、戦争の暴力性を修正することになる。一つ目は、戦争には、人間の他のどのような行為とも比べ物にならないほど偶

77　Vgl. ebd., S. 8-10.

78　Vgl. ebd., S. 12-16. ただし、敵の状況が不確かな場合には敵戦力を過剰評価する傾向が人間に備わっているというクラウゼヴィッツの判断は、時代的、文化的制約性をもっているといわざるをえない。政治イデオロギー上の帰結であれ、自己を過大評価し、敵戦力を過小評価する思考様式が歴史上見られたことをここでは示唆しておきたい。

然の要素が入り込むということであり、これを客観的要因と名付けている。二つ目は、主観的要因であり、それは危険性を常にはらむ戦争に立ち向かう人間の勇気という性質である。[79] すなわち、蓋然性の計算、偶然、勇気という三つの要素により戦争は賭けに似たものとなる。

戦争に内在するこのような要因によって、暴力の極端な行使への傾向は修正され、現実の戦争は誕生する。理念型としての「絶対的な」戦争と現実の戦争の間にあるこの差分領域の一つが蓋然性であるが、これを足がかりに戦争の推移を決定するものが政治である。政治的目的が低く設定されているほど目的を諦めやすく、相手方に要求する犠牲も少なくなり、そして敵の抵抗も小さくなることが予想でき、その結果、味方の努力も少なくて済むと考えられる。このように政治的目的が蓋然性の計算の土台となる。すなわち、戦争は常に政治的状況を前提条件として、政治的動機を契機として始められるため、政治は常に戦争行為をその底流から規定する[80](図3参照)。

前述のように、クラウゼヴィッツは戦争のあるべき姿を念頭においてではなく、戦争を現実の現象として客観的に分析した上で有名な命題を提示している。すなわち、戦争は政治的行為であるだけでなく、政治的交渉を行う上での道具であると。[81]

戦争という現象への前述のアプローチを念頭に置いた上で、クラウゼヴィッツは、ルーデンドル

79 Vgl. ebd., S. 16-17.
80 Vgl. ebd., S. 10, 16, 18.
81 Vgl. ebd., S. 19.

図３　クラウゼヴィッツの戦争像

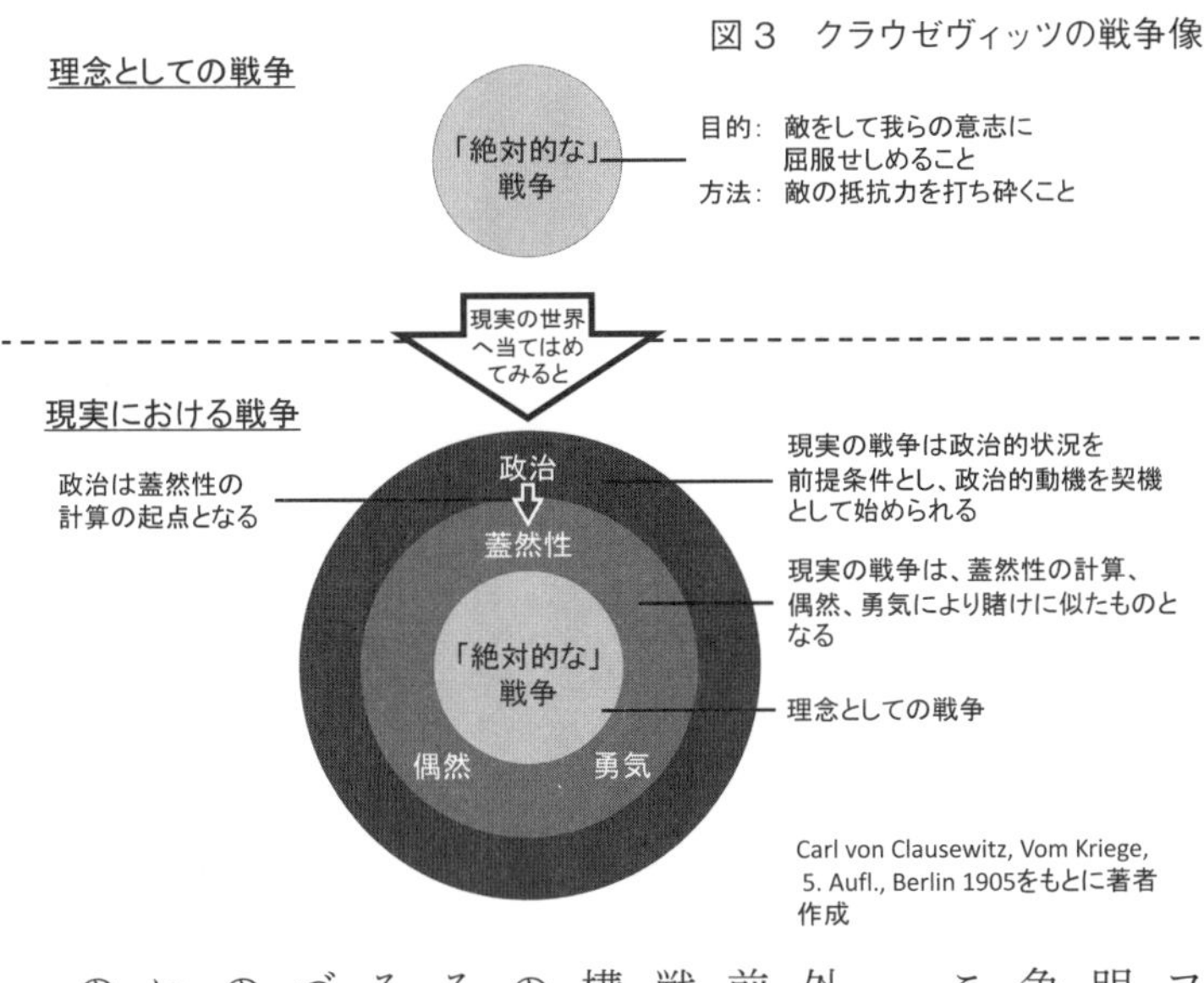

Carl von Clausewitz, Vom Kriege, 5. Aufl., Berlin 1905をもとに著者作成

フも言及している「戦争の多様性」について説明を行っている。クラウゼヴィッツによる「戦争の多様性」に関する説明はすでに行ったのでここでは繰り返さない。ルーデンドルフはこの「戦争の多様性」を否定し、「絶対的な」戦争以外は今後考えられなくなると主張する。しかし前述の通り、クラウゼヴィッツは「絶対的な」戦争をあくまで現実とは離れて思惟された論理構造、すなわち理念型として措定しており、そのため「絶対的な」戦争は現実の戦争を考察する際には修正が避けられない。別の言葉で述べると、現実の戦争形態は「絶対的な」それに近づきうるにとどまり、一致することはない。その意味で、「戦争の多様性」の分脈で言及されている一方の「絶対的な」戦争と、他方の、「戦争の動機と緊張」によって多かれ少なかれ「その

自然的傾向から」それる戦争は、[82] 理念型と現実形態としての戦争という区分にほかならないのである。[83] すなわち、ルーデンドルフの思想に見られるように、現実の戦争が両者のうちのどちらかに分類されるということではない。結局、第一次世界大戦を含む現実の戦争が「絶対的な」

---

82 Ebd.

83 戦争のこの「自然的傾向」についてクラウゼヴィッツはまた、「単に哲学的傾向、厳密な意味での論理的傾向のことであって、決して現実に闘争の渦中にある諸力の傾向（中略）を意味しているのではない」と述べ、理念型としての「絶対的な」戦争という理解について「読者が誤った考えに陥らない」ように念を押して強調している。Ebd.
『戦争論』に見られるクラウゼヴィッツの弁証法にドイツ観念論の影響を見るものとして、vgl. Peter Paret: Clausewitz, in: Peter Paret (Hrsg.): Makers of modern Strategy, S. 186-213, hier S. 193-194; Wehler: Krisenherde, S. 88. ハンス・ウルリヒ・ヴェーラー（Hans Ulrich Wehler）は、クラウゼヴィッツが「絶対的な」戦争を理念型としての意味で唱えていると考え、これは理論上にのみ存在するものとしている一方で、ナポレオン戦争を「絶対的な」戦争の体現そのものとするクラウゼヴィッツの叙述をそのまま受け入れている。ヴェーラーは、クラウゼヴィッツのこの矛盾もしくは観念論からの逸脱をそのままクラウゼヴィッツの思想に包含されるものとして解釈し、整合性を見出すような説明を加えていない。Vgl. Wehler: Krisenherde, S. 88-89. しかし後述するように、『戦争論』覚え書にある遺稿で、第一部第一章のみが著者の考えを正確に表している箇所であり、そこでの考えに沿って他の箇所は書き直される必要があるというクラウゼヴィッツが遺した言葉は留意に値する。すなわちこの遺稿にしたがうと、例えば『戦争論』第八部第二章で見られるような、ナポレオン戦争が「絶対的な」戦争形態をとったとする記述は、「絶対的な」戦争を現実には存在せずそれに近似するしかない理念型とする考えに照らし合わせながら修正が必要となるであろう。ナポレオン戦争は、結局のところ、クラウゼヴィッツに戦争の「絶対的な」形態について考えをめぐらすきっかけを与えたにすぎないと考えるべきであろう。Vgl. Clausewitz: Vom Kriege, S. XIV, 19, 611.

形態をとるということは、クラウゼヴィッツの論理にしたがえば矛盾をきたしており、否定されることとなる。[84]

では、ルーデンドルフがクラウゼヴィッツの言うところの「絶対的な」戦争と見間違ったほど大規模に敵戦力・国民への容赦のない攻撃と国民動員が進んだ第一次世界大戦は、クラウゼヴィッツの戦争論の中ではどのように位置づけられるのか。『戦争論』第八部第六章Ｂがこの疑問に答える手がかりを与えてくれている。

まずは、クラウゼヴィッツ理論がルーデンドルフの体験した個別の戦争にどのように適用されるかを見てみることにする。クラウゼヴィッツは、フランス革命とナポレオン戦争の例を引きながら、「戦争の多様性」の中での戦争形態の変容についてその因果関係を説明している。フランス革命時のフランス軍の軍事力は、「政治技術や行政技術が一変したことや、政府の性格、国民の状態の変化」[85]に起因すると述べられている。また、「政治は、内政上の一切の利害、また個人生活

84　ルーデンドルフという批判者の登場について、クラウゼヴィッツはすでに『戦争論』覚え書の中で予言している。草稿段階で彼が死ぬことがあれば、「できあがった原稿は（中略）不断の非難にさらされて、多くの未熟な批判に口実を与えるものとなってしまうだろう。（中略）すべての人はペンを握っているときに思い浮かんだものをすぐにも喋ったり、印刷して発表したりできるものだと思っているようであるが、それはちょうど二掛ける二は四であるということを疑いないものととっているのと全く同じ調子なのである」Clausewitz: Vom Kriege, S. XIII.

85　Ebd., S. 646.

の利害や哲学的に考えられる利害」を調和させ、「全社会の一切の利害の代弁者」であると定義されている。[86] 戦争、政治、社会の関係を整理すると、まずは被代弁者である「国民の状態が変化」した結果、その代弁者である「政府の性格」に変化が生じたとクラウゼヴィッツが考えていたと解釈できる。[87] その政治の変化をうけて、政治は従来までとは異なった暴力手段、すなわち共和国を自ら防衛する市民からなる軍隊を用いるようになり、戦争遂行の様相に変化がもたらされた。[88] 言い換えると、たとえ敵の殲滅を求めるような「絶対的な」形態に近づくように見えたとしても、それは表面に現れる事象から受ける印象でしかない。政治が起点となるという宿命を免れえない以上、現実の戦争は理念型としての「絶対的な」戦争が政治、そしてその背後にある国内の状況からの規定をうけて形成されるものである。

クラウゼヴィッツの戦争論の枠組みにしたがうと、第一次世界大戦での戦争形態の変化もまた、ルーデンドルフへの反論も兼ねて以下の通りに説明される。第一次世界大戦もナポレオン戦争同様、社会的変容が政治に影響を与え、それにより戦争形態が規定されたと捉えられる。ナポレ

86　Ebd., S. 642-643.

87　Ebd., S. 646. 別の箇所では、以下のようにクラウゼヴィッツは説明している。「絶対的な」形態に近づいた戦争形態であれ、政治は後方に退いているように見えるが、そのような戦争形態を引き起こした状況もまた、政治の扱う対象に含まれる。そのため、戦争形態はすべて政治的行動として捉えられる。Vgl. ebd., S. 20.

88　Vgl. ebd., S. 647.

オン戦争後の一九世紀を通しての西ヨーロッパ各国の国民国家化の進展、それと相互作用を及ぼす形で進行した国民の政治参加の広がりやナショナリズムの興隆、そしてそれらに比例する形で国民の間で上昇した、不利な形での和平締結に対するハードルと勝利への非妥協的態度、これらの国内情勢の変化および政治原則の変容により、政治は勝利以外の和平を結ぶ裁量の余地が狭まり、国内の人的物的資源の大規模動員を行うことを迫られた。それに対して、広範な国民層が戦争への協力姿勢を示すことによって前述の大規模動員の必要性は満たされていった。その結果、銃後を前線への兵員補充・物資補給の面で大規模に巻き込むことになった戦争が生じたと説明できる。国内情勢の重要性を付け加えつつ、クラウゼヴィッツがナポレオン戦争について述べた表現を借りると、第一次世界大戦は、国民の状態および政治が戦争へ影響を及ぼすという意味で、国内情勢および「両者［兵術の変化と政治の変化］の内的結合を立証する有力な証拠になるとさえ言えるものである」[89]。すなわち、第一次世界大戦を念頭においたルーデンドルフの総力戦は、

89　Ebd. これは、ルーデンドルフの主張する総力戦、もしくはそれとしての第一次世界大戦は戦争の一つの形態にすぎないと主張するルートヴィヒ・ベック（Ludwig Beck）の考えとも符合する。これについては、小堤盾「戦略なき時代のクラウゼヴィッツ――戦間期のドイツを中心に」清水多吉、石津朋之編『クラウゼヴィッツと「戦争論」』彩流社、二〇〇八年、219―243頁、ここでは237頁参照。またここまで、本文ではクラウゼヴィッツの思想として『戦争論』のうち第一部第一章を中心に見てきた。『戦争論』はクラウゼヴィッツの没時にはまだ草稿段階にあり、彼の遺稿によると、「結局のところ第一部第一章だけが私の完全であろうと認め得る唯一のものである。少なくともこの章は、私が常に主張せんとしていた方向を全体にわたって指示する

クラウゼヴィッツに見られる戦争理論の枠組みで説明すると、ある時代条件から生じた一つの戦争形態にすぎないということになる。[90] 確かに、ルーデンドルフも、「変化した政治（中略）によるだけではなく、住民人口の増大とあいまった一般兵役義務と、さらに破壊力を増してきた戦争手段の導入によって」第一次世界大戦が誕生したとし、戦争形態の形成には政治や社会、そして技術的要因が影響を与えていることを認めている。しかしながら直後に、「戦争が多様であった時代は過去のものとなった」として、政治の変化による、戦争形態のさらなる変化の可能性を考察の対象外としている。[91] その結果、ある特定の戦争形態はその一過性から免れ得ないという考えは、ルーデンドルフの考察には現れてこない。結局、ルーデンドルフはクラウゼヴィッツの戦争理論の一局面を取り上げてそれを論難しているにすぎず、クラウゼヴィッツによる戦争とい

90　ヴェーラーは、ルーデンドルフが唱える総力戦が社会的、政治的、技術的変化の結果であると考え、同様に、「絶対的な」戦争である（とヴェーラーが見なす）ナポレオンによる戦争も一七九〇年代以来のフランス政治の帰結と捉えた上で、「絶対的な」戦争と総力戦に共通項を見出す。Vgl. Wehler: Krisenherde, S. 93. しかし、前述の通り、クラウゼヴィッツにとっての「絶対的な」戦争は理念型であるため、ナポレオン戦争もルーデンドルフの総力戦も「絶対的な」戦争ではなく、それが修正を受けた、現実世界における具体的な戦争事例にすぎない。要するに、「絶対的な」戦争を一方とし、ナポレオン戦争や総力戦を他方とすると、両者について同一に論じることはできないのである。

91　本書、15頁。

う現象の複層的解釈まで理解していたわけではなかった。すなわち、ルーデンドルフはクラウゼヴィッツの戦争論に正面から格闘し、批判を唱えたのではないといえる。

ここまでルーデンドルフのクラウゼヴィッツ批判について考察してきたが、それでは両者の戦争像の差異はなにゆえ生じたのであろうか。

ルーデンドルフの総力戦論は、戦争の本質をアプリオリに国民の生存闘争とおき、その中に道徳性を見出す。彼は確かに、『総力戦』冒頭で戦争理論を書く意図がないことを述べているが、それは現実を踏まえない机上の空論を書かないという意味で述べているにすぎず、理論を構築すること全般を放棄しているわけではない。[92] また一般的に、本質に関する考察は単なる体験の叙述ではなく、そこからの抽象化を通して行われる。彼もまた、自身の体験への反省を踏まえた形で総力戦の本質、ひいては戦争の本質を述べようとしており、結果として、普遍性を有した戦争理論を打ち立てようとしていることになる。そもそも理論とは、対象となる現象の個別事例を統一的に説明する知識体系であり、そのため、個々の時代や状況に左右されずに見られる共通項である本質に焦点を合わせることは、事象の個別性を超えた——常に不完全であることを免れえないが——統一的な説明を行うことにつながる。[93]

92　同右、11頁参照。

93　Vgl. Clausewitz: Vom Kriege, S. XV; Paret: Clausewitz, S. 193-194. クラウゼヴィッツもまた一八〇八年の段階で、戦争理論において本質に焦点を当てることの重要性について以下のように述べている。戦争行動にいくらかしかし、戦争という現象を説明する上で、ルーデンドルフは第一次世界大戦での体験に過度に囚われている。ルーデンドルフが戦争の本質と考えた生存闘争、そこから派生する国民の戦争参加に関して、例えば城塞都市をめぐる攻防やフランスのガンベッタによる普仏戦争中の軍事的抵抗のように、生存闘争という基準に当てはまり自身の主張を補強する少数の事例を引き合いに出すのみで[94]、それら少数の個別事例から戦争の本質を導き出したり、もしくはそれをもって実証されたと考えたりすることは恣意的と映らざるをえない。この恣意性は、彼が戦争の本質と見なす生存闘争に道徳性を見出し、その要素を含まない戦争について「戦争という名に値しない」と価値判断を下していることに起因している[95]。つまりこの価値判断から、「戦争という名に値」する事例のみしか考察しないという態度が生じることになる。結果として、彼の理論の中で占める第一次世界大戦での体験の比重は高くなる。それによって、戦争の本質をめぐる彼の言説は、戦争理論を構築するという意図にもかかわらず時代性に囚われたものとなっており、他の時代や地域への応用可能性が制限されているといえる。

でも影響を与える枝葉末節をもすべて、抽象的な言葉で捉えようとすると、極めて平凡なものになってしまうと。Vgl. Eberhard Kessel (Hrsg.): Clausewitz, Strategie aus dem Jahr 1804 mit Zusätzen von 1808 und 1809, 4. Aufl., Hamburg 1937, S. 71.

94　本書、16、27頁参照。

95　同右、16頁。

ルーデンドルフの戦争論は、制限された応用可能性しかもちえない反面、その方法論としての性格が浮かび上がってくる。『総力戦』は第一次世界大戦での体験が色濃く反映され、どのようにして大規模な国民動員を伴う類似の戦争を勝利に導けるかという問題意識に囚われていた。その問題意識に導かれて形成されたものが、一つの戦争形態を理想とし、その理想とされる「絶対的な」戦争との距離によってのみ政策の良不良の判断を行うという考えであった。ここでは、軍事的必要性をいかに効率的に充足できるかが問題となっており、それとは直接関係のない、国際法や国内・国際政治それ自体の観点は度外視されなければならなかった。例えば本書の「経済と総力戦」を論じた章では、主に第一次世界大戦時のドイツの財政・経済領域での措置が詳細に述べられている。そこでは、総力戦遂行の必要性から導出された、前記領域への要求が現実にどれほど充足されていた、もしくはされていなかったのか、そしてそのことが及ぼす他の戦争領域への影響がどのようなものであったのかを提示することが目的の一つとされ、それによって最終的には、同章で前置きとして述べられた原則、すなわち総力戦遂行を保証する財政・経済措置の実現度合いを高めることが総力戦遂行の上で決定的に必要であるということを裏付けることが意図されていた。このことに焦点が合った問題意識は結局、戦争を一つの軸でしか捉えないために戦争の多様な形態の可能性を取りこぼしてしまう一面的な戦争像につながってくる。

さらに、この方法論への関心が、比較的多くの類似性を示す直近の過去に焦点を絞った考察へとつながる。一般的に、短期的な視点で事象を捉える限り、長期的に生じる緩やかな変化はつかみとることができない。ルーデンドルフもまたその短期的視点ゆえに、今後政治が長期的に変化する可能性を排除してしまい、その結果、自身が体験した第一次世界大戦の戦争形態をほぼ唯一といっていいほどの基準とし、それに照らして議論を展開している。そのため、『総力戦』のもつ方法論的性格によって、ルーデンドルフによる戦争の本質に関する考察は、第一次世界大戦に限られない普遍的な有効性をもつ機会を失うことになった。[96]

クラウゼヴィッツの戦争理論への向き合い方はそれとは対照的であった。確かに、ルーデンドルフにとっての第一次世界大戦と同様、クラウゼヴィッツの『戦争論』もナポレオン戦争で受けた衝撃を踏まえて執筆された。しかし彼は、戦争を効率的に遂行する方法を追求するというよりもむしろ戦争の普遍的要素・構造を捉えるという意図の下、戦争史の研究に努めた。それは彼が理論へ寄せた期待からもわかる。クラウゼヴィッツにとって、過去や現在に存在した／する現象の構造を明らかにし、それ以上還元できない要素をそこから取り出し、それらを全体にまとめあげている相互の関連性を発見することが理論には求められていた。このような理論に対する理解が、考察の対象となる戦争事例の幅広さにもつながっていった。歴史とは個人が体験できる現実を拡張するものとクラウゼヴィッツが述べていることとも符合するように、彼は研究の対象を精力的に広くとり、ナポレオン戦争、およびその一八世紀以来の戦争史的背景、さらに古代から近

96 石津も同様に、ルーデンドルフを総力戦の根源に迫った理論家としてよりも、総力戦への対応を提示した実務家として位置づけている。石津「ルーデンドルフの戦争観」186頁参照。

世にいたるヨーロッパでの戦争史やタタール人の戦争形態さえも『戦争論』で言及している。[97]

このように、戦争という現象を解明する際に両者が抱いていた目的の隔たりと、それに付随して生じた、採り上げられた事例の多様性の差が、ルーデンドルフとクラウゼヴィッツの戦争論の差異につながったといえる。そしてその差異が、一方でルーデンドルフの戦争論が時代的制約をもって捉えられ、他方でクラウゼヴィッツのそれについて今日でも有効性が見出され続けていることに表れているのではないか。[98]

ただし歴史的影響という点では、この構図は逆転する。確かに、クラウゼヴィッツの『戦争論』は、マルクス、エンゲルス、レーニンに対して戦争の政治的性格を明確にする助けとはなったが、『戦争論』が彼らの思想形成に決定的な影響をもたらしたかどうかは疑わしい。さらに、戦争の不確実性という考えに基づいた訓令戦術（Auftragstaktik）や多くの小さな勝利よりも一つの大きな勝利のほうが重要という、どちらかというと方法論に関する考えがドイツ軍人に受け入れられていたことを除けば、『戦争論』の影響、とりわけその中心的命題である戦争と政治の関係についての思想が現実の戦争に及ぼした影響はほとんど見当たらない。[99] すなわち、クラウゼ

97　Vgl. Clausewitz: Vom Kriege, S. 613-628; Paret: Clausewitz, S. 187, 193.

98　Vgl. Paret: Clausewitz, S. 186.

99　Vgl. ebd., S. 210-213. 訓令戦術とは、下位の指揮官に訓令でもって全体の意図のみを伝え、行動する上での自由裁量を彼らに与える戦術であり、ドイツ統一戦争中にプロイセン陸軍で実践された。

ヴィッツの思想はその普遍性を認められながらも、人々の戦争観や戦争形態への実際の影響は少なかったといえよう。

クラウゼヴィッツの『戦争論』とは対照的に、ルーデンドルフの『総力戦』は普遍性を有さず、時代的制約性をもっていたにもかかわらず、いやむしろそれゆえに、そして実用的な価値判断の軸を提示したことで、当時の社会に受容の素地を見出していった。すなわちルーデンドルフの『総力戦』は、現実の政治、とりわけドイツ国民社会主義政権下の戦争指導に影響を与え、また日中戦争勃発以降の日本においては総力戦体制のプロパガンダの媒体として利用され、また一部の陸軍将校に対して日本流の総力戦を構想する一つの拠り所を与えることで、第二次世界大戦期の多くの人生を左右していくことになったのである。

第三章　総力戦としての第二次世界大戦に向けて

一　ドイツと『総力戦』

では、ルーデンドルフの総力戦論は、その後の日本とドイツの戦争指導にどのような影響を与えたのであろうか。まずは『総力戦』が出版された地であるドイツを見てみることにする。『総力戦』はドイツで一九三五年に出版され、その後の二年間で約一〇万部を売り上げた。[100]「総力戦」という題名が第一次世界大戦での国民動員をさらに進めた戦争を想定する用語として社会に受け入れられたのは、ドイツ社会がその底流にもつ近代民主主義への懐疑と反発がその背景としてあったからである。すなわち、産業革命による経済の近代化の進展に伴って生じた多元的社会とそれが政治的に表現されたところの利益集団間の戦いという考えが、第一次世界大戦前のドイ

100　発行部数については、vgl. Moltmann: Goebbels' Rede, S. 17.

ツでは受け入れられず、階級社会の問題は軍事的な上意下達の命令構造で解決しようとされた。そしてそれは、大戦中に生まれた「塹壕(ざんごう)共同体（Schützengrabengemeinschaft）」を第一次世界大戦後において理想の共同体へと賞賛することにつながっていった。「塹壕共同体」は、第一次世界大戦中に塹壕という特殊な状況下でともに死を目前にすることで社会的出自が意味を失い、その結果として生まれた戦友意識に支えられていた。そして、総力戦論もまた同様に近代的な戦争形態を称揚している一方で、「全体（Total）」という言葉や総力戦に向けての団結した国民共同体という社会像を提示することで多元的社会像に対する代替案という性格を有していた。その点でルーデンドルフの総力戦論は、一九世紀以来ドイツで見られた反近代民主主義の伝統と一致していたといえる。[101]

しかし、『総力戦』でのルーデンドルフの考えは、当初、国民社会主義政権や軍首脳からは受け入れられず、ルーデンドルフ自身の出版機関であるルーデンドルフ出版（Ludendorffs Verlag）を通してなされた紹介を除いては書評で扱われることもなかった。その理由として、ルーデンドルフが今や政権内にいるヒンデンブルクを含むかつての戦友を敵視していたことや、さらに軍人による政治的権力の掌握を主張したことでヒトラーと意見の相違から決別していたことが考えられる。一九三四年には国民社会主義政府および軍を一方とし、ルーデンドルフを他方とした緊張関

101 Vgl. Wehler: Krisenherde, S. 108-109.

係は、国防省（Reichswehrministerium）がルーデンドルフのある小冊子に反対の立場を表明したことで顕在化した。これらを背景にして、政権側の方針に沿う形で、『総力戦』は出版界において積極的に紹介されることはなかった。確かに軍人による独裁――しかもその軍人とはルーデンドルフ自身を想定していた――という点では国民社会主義の政治観念とは相容れないものがあった。国民社会主義政権下では、軍人の役割は軍事的暴力の行使に限定され、政治的役割を与えられることは否定されていたからである。しかしながら、『総力戦』の中に見られる、精神的団結性を基盤として、国民の生存をかけた戦いに国民を総動員するという構想は、軍事雑誌においてそれ以降も継受されていった。[102]

ルーデンドルフの総力戦概念の、軍事雑誌における広がりとは反対に、実際の第二次世界大戦の戦争指導においては、ルーデンドルフの総力戦の構想が当初から実行に移されたわけではなかった。それはすでに言及したように、国民社会主義指導部や国防軍上層部がルーデンドルフの思想に抵抗を示していたことからも容易に想像がつく。ただし、その抵抗はかつての戦友やヒトラーとの反目だけが理由ではなかった。国民社会主義者は、第一次世界大戦の敗因を「背後からの一突き（Dolchstoß von hinten）」という銃後による裏切りと見なしていたため、ドイツ国民に過大な負担をかけることで次なる革命が起こるのではないかというトラウマが彼らや国防軍上層部の脳

102　Vgl. Chickering: Sore Loser, S. 175-176; Pöhlmann: Von Versailles nach Armageddon, S. 349-351; Wehler: Krisenherde, S. 106-107; シュパイアー「ドイツの総力戦観」32頁参照。

裏から離れなかった。彼らは、国民には耐乏の限界があり、それを超えると国民は精神的に崩壊するということを意識していたため、戦争動員によって国民に対して窮乏を強いることに不安を感じており、国民の動員という面で総力戦を実行することへは躊躇が存在していた。[103]

しかしながら、戦況の悪化とともに銃後における総力戦の徹底は次第に政権中枢でも受け入れられ、実行に移されるようになった。その際に、ルーデンドルフ流の国民の徹底的な動員の実施に重要な役割を果たしたのがゲッベルスであった。すなわち、両者の主張の間には、後に見るように多くの類似点が見られたのである。

ドイツは一九三九年のポーランドへの侵攻以来、電撃戦（Blitzkrieg）と呼ばれるような初期作戦の成功をもってヨーロッパ諸国を早期降伏に追い込んでおり、一九四一年にはソ連への侵攻に踏み切っていた。しかし一九四一／四二年の冬には、東部戦線での進撃はモスクワ包囲の失敗に見られるように停滞を余儀なくされていた。この状況をうけてゲッベルスは、全生産能力を軍需経済にまわし、生存に不可欠でない領域、例えば嗜好品を販売する商業施設の閉鎖によって軍へ

103　Vgl. Martin Kutz: Fantasy, Reality and Modes of Perception in Ludendorff's and Goebbels' Concepts of "Total War", in: Roger Chickering; Stig Förster; Bernd Greiner (Hrsg.): A World at Total War. Global Conflict and the Politics of Destruction, 1937-1945, Cambridge 2010, S. 189-206, hier S. 190, 198.「背後からの一突き伝説（Dolchstoßlegende）」とは、ドイツは戦場での戦いで第一次世界大戦に敗れたのではなく、銃後の裏切りによる革命によって敗北したという、戦間期のドイツで保守層によって唱えられた説。Vgl. dazu Boris Barth: Dolchstoßlegenden und politische Desintegration. Das Thema der deutschen Niederlage im Ersten Weltkrieg 1914-1933, Düsseldorf 2003.

人員を追加供給することでこの危機を乗り越えることを考えており、さらにこの総力戦に関する案をヒトラーに提示していた。しかしこの案は、戦争は当時の動員水準でも勝てることから総力戦に向けた措置は不要というヘルマン・ゲーリング（Hermann Göring）の意見に阻まれ、実現にはいたらなかった。[104]

しかし一九四二年後半以降、日本の戦況の悪化や北アフリカおよび東部戦線での戦局の転換をうけて、ゲッベルスの主張を取り巻く環境は徐々に変わっていった。ゲッベルスは、とりわけスターリングラードでドイツ第六軍が包囲されているという状況をうけて、再度ヒトラーに銃後の戦争努力を高める提案を行った。そのようなゲッベルスの働きかけもあって、生活水準の切り下げといった戦争の全体化（Totalisierung）に関して意見の一致が国民社会主義政権内部で見られるようになった。[105]

一九四三年一月には、ゲッベルスは総力戦化施策のさきがけとなる演説を宣伝省（Reichsministerium für Volksaufklärung und Propaganda）で行い、戦争に勝利するのはもっとも戦争努力を行った国民であると檄を飛ばした。そしてゲッベルスによる総力戦化への主張を支える

104　Vgl. Moltmann: Goebbels' Rede, S. 19. 嗜好品への反感と、嗜好品の生産および販売といった領域から軍の兵士と労働力を得るべきであるという考えが、ゲッベルスを一九四三年夏以降も戦争の総力戦化に動かしていた。Vgl. dazu Elke Fröhlich: Hitler und Goebbels im Krisenjahr 1944, in: VfZ, Jg. 38 (1980; H. 2), S. 195-224, hier S. 206.

105　Vgl. Moltmann: Goebbels' Rede, S. 20-21.

かのように、彼を相談役として三人委員会（Dreier-Komitee）がヒトラーによって設置され、総力戦のための措置がこの機関を通して促されることとなった。確かに、ゲッベルスが以前から主張していたように空軍の補助任務に高等学校生徒を動員する措置ではなかったものの、総力戦体制の強化へと政権が傾いていく中で、一六歳から六五歳までの男性、一七歳から四五歳までの女性の労働局への登録義務が定められ、遊園地、バー、お菓子屋、装飾品・宝石店などの閉鎖が決定された。[106] このように、労働力の徹底した利用や戦争と関係の薄い経済活動の抑制といった点で、ゲッベルスの思想は実際の戦時政策へと反映し始めていった。

ここで、ゲッベルスの考える総力戦がどのような内容をもち、それがルーデンドルフの総力戦思想とどのような類似点、または相違点があったかを見てみよう。その際に参考になるものが、一九四三年二月一八日になされたベルリンのシュポルトパラスト（Sportpalast）における「総力戦演説（Wollt ihr den totalen Krieg?）」である。[107] ただし、当時の政治的右派の言説に見られた反セム主義という類似点については考察しない。なぜならば、反セム主義に関していえば、ルーデ

106　Vgl. ebd., S. 21-22. 国民の労働局への登録義務の導入は主に女性を狙ったものとなった。この措置で新たに登録の義務が課せられるようになったのは、男性五〇万人、女性三〇〇万人であり、女性が圧倒的に多かったからである。Vgl. dazu Dietmar Petzina: Die Mobilisierung deutscher Arbeitskräfte vor und während des Zweiten Weltkrieges, in: VfZ, Jg. 18 (1970; H. 4), S. 443-455, hier S. 454.

107　以下、ゲッベルスの演説内容はすべて Helmut Heiber: Goebbels Reden 1939-1945, Bd. II, Düsseldorf 1972, S. 172-208 より引用。

ンドルフの反セム主義と国民社会主義者のそれは、ワイマール期の政治的右派という同じ土壌から生まれたものであり、とりたててゲッベルスがルーデンドルフから影響を受けたとは考えられないからである。

ゲッベルスはまず、演説の前提として以下のように述べている。「国民社会主義の中で教育・訓練を受け、規律を与えられたドイツ国民は真実を受け止めることができる」。そのため、「状況を飾ることなく描き、ドイツ指導層、そしてドイツ国民の行動に資する厳しい結論をそこから引き出す」ことが聴衆に向かって宣言される。実際に真実を伝えるかは別として、少なくとも真実を伝えるという姿勢を明確に国民に伝えることが総力戦遂行の重要な構成要素であり、それによって真実を伝えていないという批判に先んずることができるとゲッベルスは考えていた。これはルーデンドルフの主張するところの、「成熟した国民は政府に真実を要求し、［中略］戦時にはいよいよもってその［国民が置かれた］状況についての真実を要求する。さもなければ、ここにおいても『不満分子』やデマ拡散者に対してあまりに簡単に［活動の］自由を譲り渡してしまうことになる」[108]という章句に見られる国民への対応と重なりを見せている。[109]

続けてゲッベルスは対ソ戦争の意義を改めて説明している。「ボルシェヴィズムの目的はユダヤ

108　本書、48―49頁。
109　国民へ「真実」を伝達する必要があるという考えにおける、ゲッベルスとルーデンドルフの類似性については、vgl. Moltmann: Goebbels' Rede, S. 18.

人の世界革命であ」り、ソ連との戦争は、「ヨーロッパだけではなく全世界に革命をもたらし、ボルシェヴィズムの混沌へと陥れる」ボルシェヴィズムとの戦いである。ボルシェヴィキは「地獄にいる政治的悪魔」であり、「西洋が脅かされている」。ここでゲッベルスは、敵であるロシア人はユダヤ人と混血しているため、ロシア人をユダヤ人とともに絶対的な敵、すなわちカール・シュミットのいう「全面の敵（Totaler Feind）」[110]として描いており、その後で述べられる国民の総動員への要求の根拠となっていく。それに対し、ルーデンドルフは総力戦において交戦国への敵意を人種という概念から導くことをせず、また人種の観点から諸国民に優劣をつけてはいない。ルーデンドルフにとって、「人種的遺伝資質」は各国民に存在しているものであり、その「人種意識の覚醒」によって国民の生存は維持される。言い換えると、この「人種的遺伝資質」が宗教意識と結びつくところに、総力戦において重要となる国民の精神的団結性が得られるのである。この覚醒を妨げる点において、ユダヤ人やローマ教会は彼にとって排除すべき存在として扱われているにすぎない。[111]結局のところ、ルーデンドルフと異なり、ゲッベルスは特定の交戦国に対する戦争の妥当性を人種論に基づかせている。[112]

このように敵を捉えた上で、ゲッベルスは、相対する敵が絶対的な悪であることから国民への

110 シュミット「全面の敵・総力戦・全体国家」26―31頁参照。
111 本書、39―43頁参照。
112 シュパイアー「ドイツの総力戦観」47頁参照。

要求を導き出している。すなわち、戦争においては「妥協は考えられず、国民全体は厳しい戦争のみを念頭におく。［中略］ドイツ国民はここで最も神聖なる財産、すなわち家族、妻、子供、美しく、手付かずのままになっている大地、都市や村、文化がもつ二〇〇〇年の遺産と我々の生存を存在価値のあるものとしているものすべてを守らなければならら」ず、そのためには、「もはや時代に適っていない高い生活水準を犠牲にして防衛力を高める」ことが必要であると主張する。彼にとって、勝利する国民とは、スターリングラードのような「不運を耐え、そして克服し、そこからさらなる力をまだ汲み出す力を有した国民」であり、そのときその国民は「負けることがない存在（unbesiegbar）」となる。ただし、総力戦を行う上での前提条件は、「負担が平等に配分されることである。国民の極めて大部分が戦争に関して全てを負担し、受動的で少数である部分が戦争の負担や責任から逃れようとすることは許してはならない」。そのため、「これまでにとり、今後もさらにとる必要のある措置は国民社会主義的な公平の精神によって満たされるであろう」

このように、ゲッベルスもルーデンドルフと同様に国民の総力を戦争のために要求し、ルーデンドルフの「戦争は国民をその生存維持のために極度に酷使する」[113]ものであるという戦争観、または「総力戦では、結局のところ国家ではなく『国民』が戦うのである。国民の中の個々人は

113　本書、24頁。

前線または銃後で自らの力をすべて捧げなければならない」[114]という命題を踏襲している。もっともゲッベルスは、総力戦の前提条件として負担の平等を強調し、国民社会主義思想の文脈で総力戦思想を捉えなおそうとしていた。

すなわちゲッベルスは、ルーデンドルフの総力戦思想を全体として受け継ぎながらも、それを国民社会主義の文脈および同時代的なそれの中で読み替えることで、現実の政策の具体的な方針としていった。[115]ではゲッベルスの総力戦思想は、その後どのような形で実際の戦争のあり方に影響を及ぼしたのであろうか。

ゲッベルスが戦争の総力戦化への影響を拡大させることになったのは、一九四四年七月に「総力戦全国指導者（Der Reichsbevollmächtigte für den totalen Kriegseinsatz）」に任命されてからであった。この職をもって彼は、軍と軍需産業に資源を振り分けるために、すべての国家機関における人的物的資源の効率的な投入、戦争との関連が薄い役職の廃止・制限、組織の簡素化のための措置に必要な権限を与えられた。そして、まずは以下の具体的な措置がとられた。

---

114 同右、24頁。

115 一九四三年一月および二月に見られた施策および演説には、特権廃止を含む社会変革に真剣に取り組む姿勢を示し、国民の士気を鼓舞するという意図が見られた。Vgl. dazu Peter Longerich: Joseph Goebbels und der Totale Krieg. Eine unbekannte Denkschrift des Propagandaministers vom 18. Juli 1944, in: VfZ, Jg. 35 (1987; H. 2), S. 289-314, hier S. 293.

一　公的機関の縮小による人的資源の活用のための措置
・郵便局および鉄道の人員削減
・帝国司法省の簡素化
二　女性の動員拡大のための措置
・家事労働からの外国人およびドイツ人家政婦の召集
・女性の労働義務対象者の上限年齢の引き上げ
三　非軍需産業の制限による人的資源の転用のための措置
・すべての劇場、大衆娯楽劇、オーケストラ、俳優養成機関、音楽家養成機関の閉鎖
・映画、ラジオの制限
四　労働時間の拡大のための措置
・休暇の禁止
・週六〇時間労働の導入

これらの措置によって、軍需産業での生産力向上とともに、軍需産業で余剰となる一〇〇万人を新たに兵士として軍に供給することが可能となるはずであった。[116]

116　Vgl. Rudolf Absolon: Die Wehrmacht im Dritten Reich. Band VI 19. Dezember 1941 bis 9. Mai 1945, Berlin 1995, S. 587-588.

確かに第二次世界大戦を通じて軍需目的の産業生産力の上昇が見られたが、それは第二次世界大戦開始以前から計画されていた工場が一九四二年以降に稼働し始めたことに主に起因していた。すなわち、ゲッベルスの唱えるような総動員が軍需産業の生産力の上昇に直接結びついたわけではなかった。[117] しかし、経済面での実績への貢献いかんにかかわらず、国民動員を拡大する措置を通して、第二次世界大戦での銃後の風景および動員された人々の戦争体験が、ゲッベルスの総力戦観、そして前記の施策によって大きく規定されていったことは否定できない。とするならば、ルーデンドルフの総力戦思想が、ゲッベルスによって国民社会主義という文脈で読み替えられながらも、第二次世界大戦へその影響を及ぼしていったと考えられるのではなかろうか。

二　日本と『国家総力戦』

翻って日本に目を向けると、ルーデンドルフの『総力戦』はドイツとは異なった形で日本に影響を与えることとなった。日本では、すでに第一次世界大戦中から駐在・派遣武官を通して戦争の新しい様相が認識されていた。その認識はまず、第一次世界大戦の調査報告やそれをもとにした論考に表れることになった。例えば、一九一六年に上原良助陸軍少佐は軍需品供給のための産

117　Vgl. Kutz: Fantasy, Reality and Modes, S. 202-203.

業動員が戦争遂行に不可欠となっている現実を、第一次世界大戦を念頭に指摘していた。他にも、戦争の勝利のためには国民の利己主義を排し、国家のために犠牲を捧げる精神的覚悟が必要と指摘する、軍人による論考も見られた。[118] こうした個々の軍人による主張とは別に、陸軍省は臨時軍事調査委員会（ママ）を一九一五年に立ち上げ、ヨーロッパでの国内戦時体制の調査および日本での戦時動員体制の研究を含む、新たな戦争形態に関する調査に着手した。調査結果は、一九一六年から一九二二年までにそれぞれ五〇〇から一〇〇〇部単位で発行された『臨時軍事調査委員月報』やその特別号という形で主に発表されていった。[119] 加えて、これら調査結果を踏まえた戦時動員体制の模索もまた、主に陸軍が中心となって報告書や意見書の提出という形で行われていった。[120] 動員体制に関するこれらの知見は、陸軍内部で広く共有されるところとなり、例えば一九一九年の陸軍大学校の卒業式で、国家総動員を主題とする御前講演が行われるにいたった。さらに、産業や国民の動員のためには政府や産業、一般国民の協力が必要と考えられたことから、『臨時軍事調査委員月報』の配布を始め、各地での講演を通じて、総動員に関する陸軍外へ

118　纐纈『総力戦体制研究』28―29頁参照。
119　同右、33―37頁参照。
120　このような報告書や意見書として、「全国動員計画必要の議」（一九一七年）、「帝国国防資源」（一九一七年）、「国家総動員に関する意見」（一九二〇年）が挙げられる。同右、39―45、52―58頁参照。

の啓蒙活動が積極的に行われた。[121]

これら動員体制に関する認識の陸軍内における広がりと並行するように、陸軍内部および政府において、産業動員を担う制度は着々と整備されていった。例えば、すでに一九一八年には軍需生産の準備および計画を担当する軍需局が内閣管理下に置かれ、その次官職は陸海軍次官が兼任していた。また同年、陸軍省内に軍需産業への動員の調査および実施を担当する兵器局工政課が設置された。そして一九二七年には国内資源の管理や総動員の統制を担当する中央機関として、資源局が内閣総理大臣下に設置され、半数弱のポストには現役武官が就任することとなった。この資源局の設置をもって纐纈は、国家総動員思想が軍だけではなく、政府全体の方針として定着した表われと見ている。一九三〇年代になると、国家総動員思想の制度化は一層進み、戦争関連産業の統制のための法的整備（日本製鉄株式会社法公布：一九三三年四月、石油業法公布：一九三四年三月、自動車製造事業法公布：一九三六年五月）、国家総動員政策を調整する企画庁の設置（一九三七年五月）、その企画庁と内閣資源局とを統合した企画院の設置（一九三七年十月）が見られた。さらには日中戦争の拡大を背景として一九三八年に、戦争への人的物的資源動員の

121　黒沢文貴「大正・昭和期における陸軍官僚の『革新』化」小林道彦、黒沢文貴編著『日本政治史のなかの陸海軍　軍政優位体制の形成と崩壊　1868～1945』ミネルヴァ書房、二〇一三年、126―152頁、ここでは129―130頁参照。

基本法である国家総動員法が国会で可決されることで、総動員体制が整っていった。[122]

着実に整備されていった産業動員体制の一方で、国民の精神状態の重要性を認識し始めた陸軍は、[123]国民思想へ影響を及ぼそうとしていくことになる。そのための伝声管の一つが、第一次世界大戦前に設立された在郷軍人会であった。具体的には一九二四年に、在郷軍人会発案者であった田中義一によって国民思想を指導する役割を担うことが在郷軍人会に期待され、また一九二五年には、在郷軍人会本会評議会において総裁の閑院宮載仁親王から、規約を改めるとともに同会員が国民の思想の中核となって活動することが求められた。在郷軍人会はそれをうけて規約改正を行い、戦時に限らず平時から国民を思想面で動員することを目指すことになった。[124] 在郷軍人会以外にも、軍が国民思想へ影響を及ぼす手段とした制度が青年訓練所（一九二六年設置）と学

122　纐纈『総力戦体制研究』63―65、75―76、81―84頁参照。陸軍省では総力戦を想定した国家体制作りが急がれていたが、参謀本部では「速戦即決」を目標とした作戦計画が一九〇七年以来策定されていた。そのため、陸軍省は、「速戦即決」が可能となるように配慮すると同時に、「速戦即決」が可能でない場合にも備えて、持久戦、つまり総動員体制の整備を行うという二段構えの方針をとることで、参謀本部の方針との整合性を図ろうとした。森靖夫「国家総力戦への道程　日中全面戦争と陸軍省軍政官僚たちの葛藤」小林、黒沢編著『日本政治史のなかの陸海軍』177―208頁、ここでは179―183頁参照。

123　宇垣一成は、総力戦で最も重要なものは国民の精神力であるとしていた。彼によると、近代的な兵器も国民の精神力を基礎として初めて効力を発揮するのであった。森「国家総力戦への道程」183頁参照。

124　帝国在郷軍人会本部『帝国在郷軍人会三十年史』非売品、一九四四年、153頁、および纐纈『総力戦体制研究』139―144頁参照。

校教練（一九二五年から実施）であった。前者は一六歳から二〇歳までの成年男子を、後者は中等学校以上の生徒を対象に軍事教練を施していた。しかしこれらの制度は軍事教練とはいいつつも、軍はそこに軍事的な実用性よりもむしろ、訓練対象者の精神を鍛えて、国防への関心を向上させることを期待していた。[125]

国民の精神的団結性を担保しようとする施策が実施されていく一方で、陸軍内には、国民の精神状態を総力戦に耐えうるだけの安定性を欠いていると見なし不安を感じていた者がいた。例えば、永田鉄山は一九二七年の講演で国民精神の安定性と忍耐強さについて憂慮を口にしていた。そして、その確信は、満州事変での国民の熱狂が落ち着いた後に巻き起こった、陸軍パンフレット事件での陸軍批判で強められたことは疑いない。陸軍パンフレット事件では、まず陸軍省新聞班が一九三四年に『国防の本義と其強化の提唱』というパンフレットを一六万部発行し、それまで温めてきた総動員体制の考えを大々的に国民に開陳した。[126] 陸軍の意図は「国防の本義を明か

125 纐纈『総力戦体制研究』、146―155頁、および森「国家総力戦への道程」183―184頁参照。

126 森「国家総力戦への道程」183―185頁参照。『国防の本義と其強化の提唱』は、池田純久陸軍少佐が最重要箇所であった経済に関する箇所の原案を執筆後、陸軍大臣の承認のもと、新聞班において清水盛明陸軍少佐、満井佐吉陸軍中佐が完成原稿を作成した。掘真清「『陸パン』と永田鉄山」『早稲田政治経済学雑誌』三三八号（一九九九年四月）、51―85頁、ここでは53―54頁、および里見修『戦時期におけるメディアと国家：新聞統合の実証的研究』東京大学学際情報学府学際情報学博士学位請求論文、二〇一〇年、31頁参照。陸軍パンフレット事件の概略については、生田惇「陸軍パンフレット問題――国家総動員法成立の側面から――」『軍事史学』

にし其教化を提唱し、以て非常時局に対する覚悟を促さんが為め配布する」という宣言の中に表現されており、国防思想の上からの「啓蒙」という考えが隠し立てなく述べられている。具体的には、国内政治、国民思想、軍備、経済それぞれの領域に立ち入って、総動員のための施策およびその必要性が述べられていた。[127] 陸軍による総動員体制の要求に反発した新聞は、これを陸軍による政治介入と捉えて陸軍批判を展開し、さらには雑誌や当時の二大政党である政友会や民政党からも陸軍は批判を受けた。[128] これらの否定的反応をうけて、陸軍は国民からの不信を認識せざるを得なかった。

その結果陸軍が世論に敏感となっていたことは、一九三七年一月に起きた腹切問答事件および宇垣内閣流産事件後の陸軍の反応から読み取れる。この一連の事件は、代議士の浜田国松が軍の政治介入を咎(とが)め、それに対して寺内寿一陸相が同批判を軍への侮辱と反論したことに端を発す

第一四巻第四号（一九七九年）、2―16頁、および清家基良「『陸軍パンフレット問題』について――生田論文への疑問」『軍事史学』第二三巻第二号（一九八七年）、70―79頁参照。

127　陸軍省新聞班『国防の本義と其強化の提唱』一九三四年、見返しおよび38―57頁。

128　森「国家総力戦への道程」185頁、掘「『陸パン』と永田鉄山」56―57頁参照。ただし陸軍省は、農林省や内務省、社会大衆党からは支持をうけた。掘「『陸パン』と永田鉄山」58―59頁参照。陸軍批判の例として、代議士斎藤隆夫が軍事問題に関する政党の対応を批判しつつも、同パンフレットを「浅薄なる軍国主義の鼓吹」と形容し、軍への厳しい態度を表明していたことをここでは挙げておくにとどめる。斎藤隆夫「陸軍パンフレット問題に就て」『民政』第八巻第一一号（一九三四年）、12―15頁、ここでは14頁。

る。浜田は、軍への侮辱があったならば自分が腹を切るが、そうでなければ陸相が腹を切るべきと要求した。それをうけて陸相は議会の解散を主張し、広田内閣は結局総辞職に追い込まれた。これが腹切問答事件である。内閣総辞職をうけて、予備役大将であった宇垣一成に組閣の大命が降(くだ)ったが陸軍は陸相を送り込まなかったため、軍部大臣現役武官制に阻まれて宇垣は組閣ができなかった。陸軍省は、これらの事件が陸軍の強権的態度の表れとして映り、世論が軍へ批判的になっているのではないかという懸念から、前記の一連の事件直後、各師団に軍に対する国民の意見を調査させていた。この懸念を裏付けるように、陸軍省は、陸軍への批判的な意見が国民の間で見られるという報告を受けることとなる。[129]

その結果をうけて、陸軍省は、意図する総動員政策に対する肯定的姿勢を国民から引き出すために、陸軍省も関与する内閣情報委員会で一九三七年に策定された「時局宣伝方策」(または「時局に関する宣伝方策」)にしたがって国民の思想へ影響を及ぼそうとしていく。ここではまず、この「方策」で述べられている「時局宣伝」の目的、対象領域、方法に焦点を当てることで、この基本方針を背景にして出版されたルーデンドルフ『国家総力戦』およびそれに付随した活動を理解する手がかりとしていく。

まずは「時局宣伝」の主眼であるが、陸軍省次官による軍内部への通牒によれば、「現時の混沌

129　森「国家総力戦への道程」186—187頁参照。

たる社会情勢に対処し国民教化の徹底と時局認識の向上とに関し国民啓発」を図ることが目指されていた。「時局に関する宣伝」の目的を見ても同様に、「内外情勢の実相を十分に国民に認識せしめ、時弊を改めて時世に適合したる革新を行うことの急務なる所以を徹底」させ、「革新は国民の時局認識に基く健全なる輿論の支持に依るべく、之が為其の方途に関し積極的且建設的なる輿論の誘起を図ること」が掲げられていた。すなわち、国民に国内外の情勢を認識させ、その上で、改革推進の必要性を納得させることで、世論を改革支持に向かわせることが目的とされていた。次に、この「方策」が扱う対象を見ると、「5. 広義国防　イ、国家総動員と国防　ロ、国防と思想　ハ、国防と国民生活　ニ、国防と産業」が想定されていたことから、国防だけではなく、国防と国民精神や経済との関連に関する世論の啓蒙も「時局に関する宣伝」の主題の一つとなっていたことが窺(うかが)える。さらに、「輿論の誘起」のためにとるべき方法についても注意書きがなされていた。すなわち、一般的には「高圧的、独断的、主観的、説得的方法は最も拙策たることに留意すること」とし、政府による思想強制と見なされて国民が反発することがないよう努め、宣伝の対象となる階層によって宣伝方法を「適宜工夫按配すること」が求められていた。具体的には、「新聞雑誌、放送事業と密接なる連絡を図」ることが考えられていたことから、宣伝の媒体について一つの方向性が示されていたと言えよう。[130]

130　「国民教化運動方策並時局宣伝方策に関する件」（アジア歴史資料センター所蔵）

陸軍は、一方で総力戦体制において国民の協力を不可欠と考えていたが、他方で現実において国民から不信の念をもって見られているという認識を抱いており、その隔たりから生じた陸軍の危機意識を背景として一九三七年の「時局宣伝方策」が作成された。しかし、世論への不信は日中戦争が勃発して戦争への肯定的な世論が高まった後にも陸軍内で引き続き見られることとなった。その一つの表れとして、一九三七年九月、杉山元陸相は、議会が見せている軍への肯定的な熱狂は一時的なものであり、継続的な感情と見なすことはできない旨の発言をしていた。[131]

こうした中で、一九三八年に『国家総力戦』という題名の下でルーデンドルフの総力戦思想が日本に紹介された。それは原著がドイツで出版されて三年後のことであった。[132] 訳者は間野俊夫参謀本部付少佐であり、「序」には当時参謀次長であった多田駿（はやお）が寄稿している。さらに、後述する通り間野に『総力戦』原著の一読を勧め、翻訳作業にも影響を与えた高嶋辰彦が、「時局宣伝方策」を作成した内閣情報委員会の後継団体である内閣情報部の情報官の任務に一九三七年九月、

131　森「国家総力戦への道程」193—198頁参照。

132　ルーデンドルフの『総力戦』は間野による翻訳以前に、「全体戦争論」という名で一九三七年九月に『日本読書協会会報』に抄訳が掲載されている。ただしこの抄訳は、ドイツ語版書籍の入手の困難さから、フランス語訳をもとにした重訳であった。四方帰一訳「ルーデンドルフ将軍著　全体戦争論」『日本読書協会会報』第二〇三号（一九三七年九月）、139—203頁参照。さらに一九三八年二月には、企画院が公刊する『企画』に、『総力戦』の部分訳として、「経済と総力戦」の章の訳が掲載されていた。エリッヒ・ルーデンドルフ（企画院訳）「経済と全体戦争」『企画』第一巻第二号（一九三八年二月）、140—162頁参照。

就いていた。[133] そのことから、『国家総力戦』の出版が、緩やかな縛りであろうとも、前記の陸軍による世論対策の文脈で行われたと考えるのは的外れとはいえないであろう。それでは、『国家総力戦』出版の意図はどこにあったのだろうか。

出版の第一の意図は、多田寄稿文および間野による訳者序から読み取ることができる。多田は、「新しき時代の要求する国家体制と国家総力戦との趨向に就ての認識の上に、有力なる一示唆を与ふるものなることも敢て疑い得ぬ所であらう」とし、同様に間野も、「将来戦の必然的なる傾向、殊にその国家国民に対する要請を、読者諸君と共にル将軍に聴き、又これが対策に就て示唆する所にも、一応耳を傾くるの徒爾ならざるを思う」としている。[134] すなわち、翻訳という性質上、日本に即した具体的な教訓の提示は困難とならざるを得なかったが、少なくともルーデンドルフの思想に沿った形で、日本の当時の状況にも通ずる、総力戦についての一般的示唆を国民に与えようという意図があったと思われる。確かに間野は、「具体的対策に至っては、各国各々之を異にすべき」としつつも引き続いて、「列強がその総力を戦争準備のために組織し動員しつゝあるのも、否むべからざる事実」と述べている。さらに多田も、「国家、国民の全体を帰一、統合して此時代に対処し、其総力を挙げて有事に備えんとするの趨勢」を世界の「奔流」と認めている。

133　森晴治編『雪松・高嶋辰彦さんの思い出』私家版、一九八一年、389頁参照。
134　エーリヒ・ルーデンドルフ（間野俊夫訳）『国家総力戦』三笠書房、一九三八年、序2頁、訳者序2―3頁。

このことから、両者ともに総力戦の大きな方向性に関してはルーデンドルフに賛意を示しているといえる。[135]

第一の意図が『国家総力戦』の主張自体に関するものであるとすると、出版の第二の意図は同書の属性に関係してくる。陸軍内で、一方ではすでに「時局に関する宣伝方策」から引用する形で紹介したように、自身の主張が国民の目に「独断的」な意見と映ることへの警戒感が共有され、他方で国民の教化に関する危機意識が存在していた。このことを念頭におくと、『国家総力戦』の出版によって、海外の、それもルーデンドルフというドイツの「偉傑」「先覚」[136]の唱える国防議論を紹介し、日本の状況に適合した戦争論を構築する上での一つの示唆にするという形をとることで、それを陸軍の「独断的」意見ではなく、世界で一般的に主張されていることとして国民に納得感のある国防議論を提示しようとしていたのではないか。

陸軍が『国家総力戦』に国防思想の普及の道具としての潜在的可能性を見出していたことを裏付けるように、間野による訳本について、さらに一九三九年十一月二六日から十二月一日までの間に五回にわけてラジオ放送による解説がなされ、その原稿は『ルーデンドルフの国家総力戦』として同年に出版された。ラジオ放送では、「我が皇国の総力戦に就ては、数言之に触れ得たるに

135 同右、序1頁、訳者序2―3頁。
136 同右、序2頁、訳者序1頁。

過ぎない」としつつも、『国家総力戦』では十分にはかなわなかった、当時進行中の日中戦争への示唆を聴取者およびラジオ放送原稿の読者のために導き出そうとしている。[137]

そこで『ルーデンドルフの国家総力戦』においてまずは、日中戦争の長期化およびドイツのポーランド侵攻を指して、「内外共に複雑にして困難なる時局に際会致しまして、［中略］一億同胞は有形無形のあらゆる敵の攻撃に対し、防衛反撃の覚悟を固め、着々之を実践することは、真に刻下の急務なることを信ずる」と、ラジオ放送の背景にある問題意識が明らかにされており、[138]この問題意識は、間野が当時の国際情勢と関連付けるようにしてルーデンドルフの主張に逐次、解説を加えるという同書の様式に明白に表れている。

具体的にはこのラジオ放送で、単に国民の国防問題への関心・理解を高めるという意図を超えて、国民が戦争への当事者意識をより強くもつ必要があることをルーデンドルフを援用する中で主張している。すなわち間野は、「誠に国民の精神的団結の重要さは、その国家総力戦の基礎」であるとルーデンドルフの主張を要約した上で、「油断のならない各国総力戦のさ中にある我国として、戦時意識を明瞭にしなければなりません」と聴取者、読者に訴えている。[139]間野はラジオ放送の結びにいたって、この「戦時意識」を日本における国民の精神的団結の具体的な姿にまで昇

137　間野俊夫『ルーデンドルフの国家総力戦』戦争文化研究所、一九三九年、序に代へて1頁。
138　同右、3—5頁。
139　同右、52—53頁。

図４　ラジオ受信契約世帯普及率＊

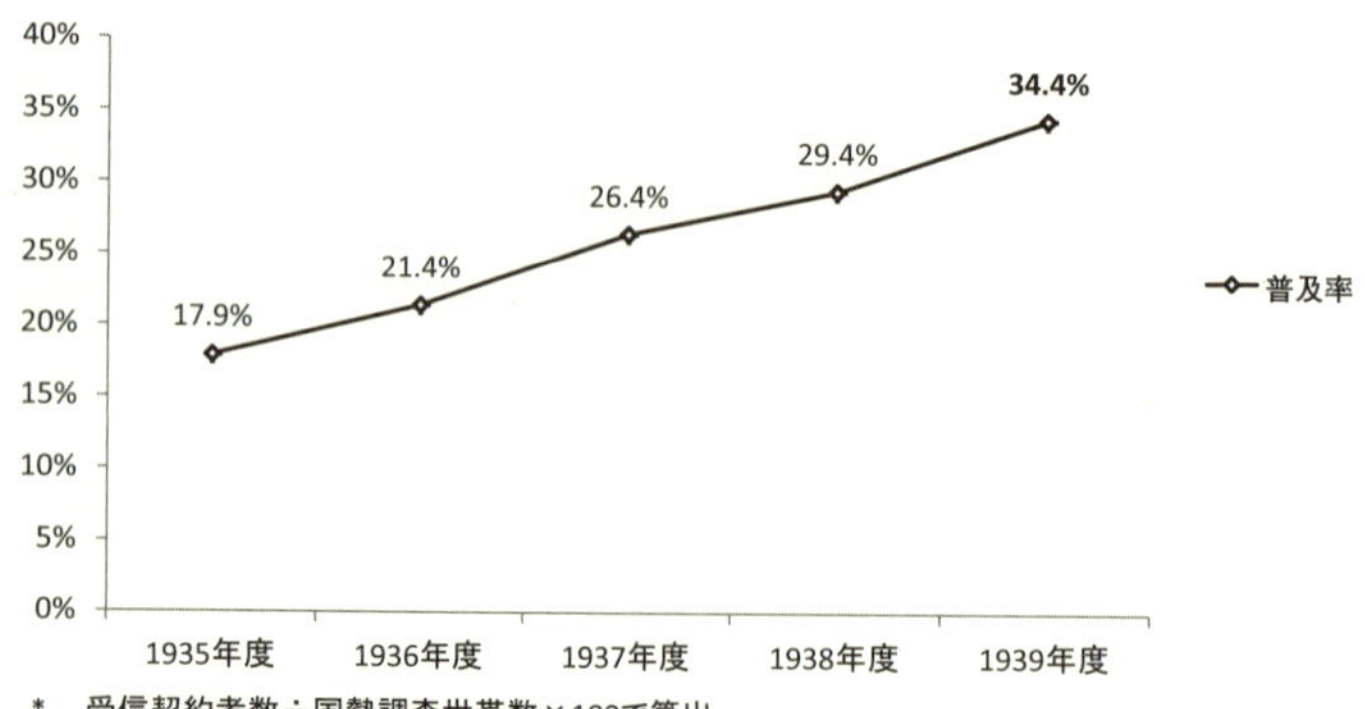

＊　受信契約者数÷国勢調査世帯数×100で算出
東洋経済新報社編『完結昭和国勢総覧』第一巻、東洋経済新報社、一九九一年、528、624頁をもとに著者作成

華させ、「総てを献げて天皇に帰一し奉り八紘一宇、四海同胞の聖業を翼賛し奉る滅私奉公の精神こそ、皇道総力戦の戦士たるの自覚であり、日本臣民たるものの本務であ」ると、国民に総力戦の担い手としての自覚をもつよう呼びかけている。[140] 以上見たように、ルーデンドルフの総力戦思想に拠った形で国際情勢とそれへの処方箋に関する示唆が提示されていった。

陸軍が国民へ伝達しようとしたこれらの内容以外に、それが国民へ伝えられた方法も注目に値する。『国家総力戦』の出版、ラジオ放送による解説、そしてラジオ放送の原稿の出版といった複数の伝達経路が用いられることで、さまざまな国民層にルーデンドルフの総力戦思想との接点がもたらされたと考えられる。『国家総力戦』は、総力戦に関心もしくは知識のある、限定された層に向けられており、ラジオ放送およびその原

140　同右、98頁。

図５　ラジオ受信契約世帯前年度比増減率＊

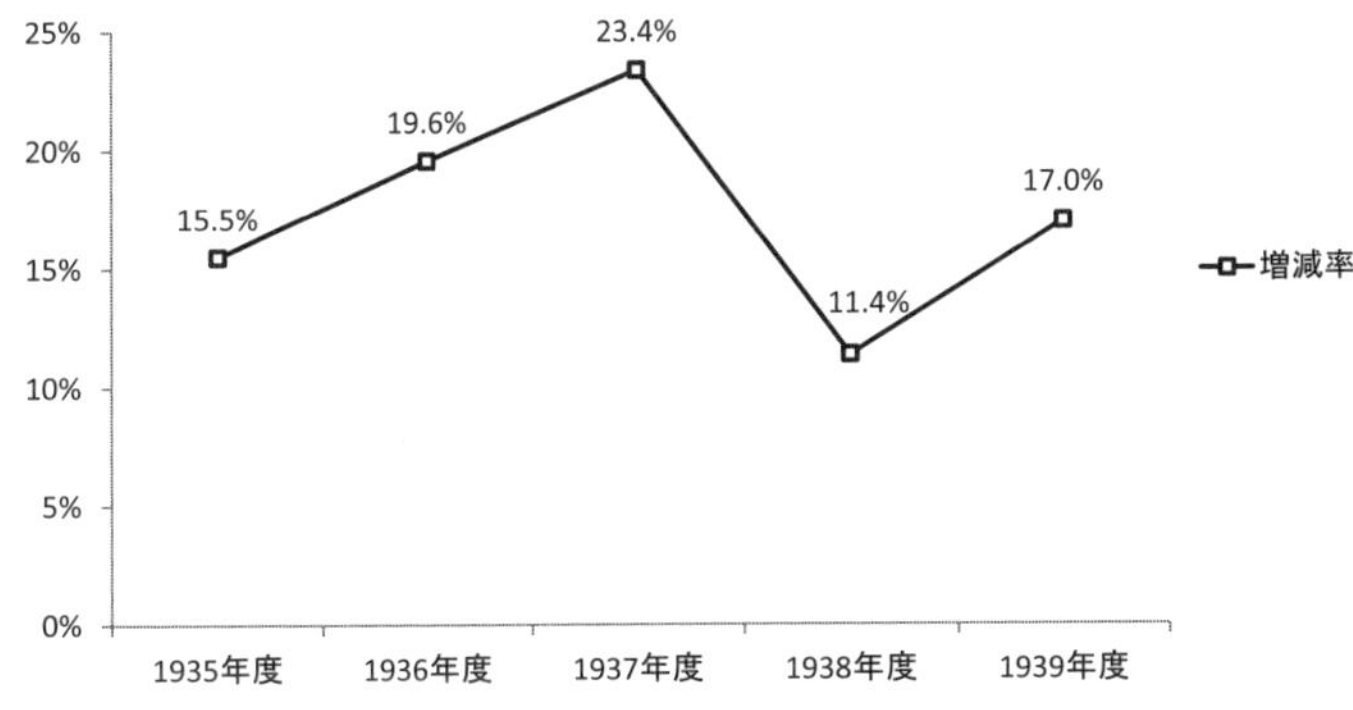

＊ 普及率ベースで計算
東洋経済新報社編『完結昭和国勢総覧』第一巻、528、624頁をもとに著者作成

稿は、ラジオの大衆的伝達手段という性格および原稿の平易な文体から、どちらかというと一般大衆に向けてのものであったといえる。ラジオ放送による解説がなされた一九三九年には、ラジオ受信契約の普及率は世帯を単位として見ると、三割以上に達しており（図4参照）、その上、一九三九年までの過去五年間の前年度比増減率（世帯普及率ベース）は、年平均で約一七パーセントという高い数字となっていた(図5参照)。これらの高い普及率および普及の速度から、ラジオの急速な普及が同時代人に強く意識されており、そのためにラジオが幅広い国民層へ情報を伝達する新時代の手段として一般的に認識されていたと思われる。さらに、ラジオの使用は、「時局に関する宣伝方策」で見られた、宣伝の対象となる階層によって伝達方法を工夫し「放送事業と密接なる連絡を図」るという方針[141]と

141　「国民教化運動方策並時局宣伝方策に関する件」（アジア歴史資料センター所蔵）

も合致していた。結果として、『国家総力戦』の出版のみによる場合と比較して、国民への伝達手段に複数の経路を使用することで、多様な国民層へルーデンドルフの総力戦思想が伝達されたのではないかと考えられる。[142]

国民一般の間で国防議論を喚起することに貢献した一方で、ルーデンドルフの総力戦思想は、訳者間野を含む陸軍将校へ影響を与えていった。そもそも間野自身がルーデンドルフの原著に接するきっかけとなったのが、高嶋辰彦陸軍大佐であった。高嶋は一九二九年から一九三二年にベルリン大学とキール大学に留学し、さらに一九三六年から翌年にかけて半年間、ドイツ、イギリス、アメリカで空軍整備の状況を視察していたこともあり、ドイツの軍事事情に詳しく、ルーデンドルフの『総力戦』に関心を抱いていた。[143] 間野は一九三七年より、参謀本部第一部第二課に配属され、高嶋の下で勤務するようになると、高嶋から「ルーデンドルフの『デァ・トターレ・クリーク』を読んでみよと言われ、陸大の図書室にあった翻訳原稿も借り出して読んで」みることになった。しかし、訳文が平易ではなかったために、高嶋およびその上司の許可のもと、翻訳

142　この広範な国民への伝達の成功が、間野の言うように、「総力戦」という用語が日本で定着していったことの一つの要因ではないかと思われる。間野俊夫「高嶋さんと総力戦」森編『雪松・高嶋辰彦さんの思い出』70—75頁、ここでは71—72頁参照。

143　高嶋辰彦「日本国防建設学の必要」森編『雪松・高嶋辰彦さんの思い出』329—345頁、ここでは340頁、および森松俊夫『総力戦研究所』白帝社、一九八三年、31頁参照。

作業を進めることになった。題名も、高嶋の発案によって、それまで一般的であった文字通りの翻訳である「全体戦争」ではなく、意訳した「国家総力戦」となり、そして一九三八年四月に出版にいたった。[144]

間野の翻訳作業の監修をつとめていたことから、高嶋が『総力戦』の主張から影響を受けていたことは想像に難くない。その証拠に、『国家総力戦』出版と同月に高嶋は、「国家総力戦と新戦備の趨向」という論文で、「国家総力戦」という言葉を使いつつ、かつ第一次世界大戦時のドイツの例をもとに、総力戦を解説している。すなわち高嶋は、これを構成する要素を武力戦、経済戦、思想戦、政治戦の四つとし、武力を総力戦の中心的要素としつつも、とりわけ思想戦の重要性を強調している。[145] 彼によると、確かに「総力戦各種交戦分野は、各〻独自の重要性を持って居る。併し其の総てに通じて、是が真髄たるべきものは実に思想の戦即ち精神の分野」である。その証として、ルーデンドルフの指導下にあった第一次世界大戦中のドイツが思想的敗北により

144　間野「高嶋さんと総力戦」70—72頁。
145　高嶋辰彦「国家総力戦と新戦備の趨向」『偕行社記事』、第七六三号（一九三八年四月）、9—40頁、ここでは13、18—19頁参照。思想戦とは、「戦争意志を耐久継続して、総力戦遂行の完璧を期し、対手国に向ってする思想攻勢に依り軍民の戦意を動揺し、占領地の住民を宣撫して対手国総力戦の鋭鋒を挫き、遂に其の総括的戦意の挫折に依り戦争を終末に導」くことであると高嶋は定義している。同右、23頁。

戦争に敗れた事例が挙げられている。[146] そして総力戦に関する一般的説明を行った上で、高嶋は日本の状況を考慮した総力戦のあり方を提示する。すなわち彼は、「我が国の国体、国是、我が国民の民情、民俗を経とし、我が国四囲の情勢或は世界列強の趨勢等を緯として完成せらるべき「我が国に於ける総力戦体形」の必要性を提言し、その必要性を「我が国の国是たる八紘を以て宇となす」ことから導き出している。すなわち、中国大陸での軍事的緊張を念頭に、この「国是」は、国家総力を動員することで初めて実現することができると述べられる。その結果、「我が国は、世界列強中最先頭にして最精鋭なる総力戦国たらなければならぬ使命を有している」。この総力戦遂行の義務に加えてさらに、日本神話を含む天皇制に、政治、軍事、思想、経済を統合する起点を見出し、また太平洋の資源およびアジア大陸の人的・物的資源の存在から自給自足の可能性に言及することで、日本が内在的および外在的にもつ総力戦遂行の潜在的可能性を示唆している。[147]

要するに高嶋は、間野が自身の思想的遍歴について使っている表現を借りると、「ルーデンドルフの総力戦論を止揚する形において」、日本の事情に適った総力戦を唱えるようになり、高嶋から「牽引され」るように影響を受けていた間野においても、時期を後にするが同様の思想的道筋を

146 同右、22—23、25頁。
147 同右、12、34—35頁参照。

たどっていった。[148] さらに、このルーデンドルフの総力戦論の止揚は、一九三八年十二月公刊の高嶋の著書『皇戦』において一層具体的な形をもって表れてきている。すなわち高嶋は、日本特有の総力戦を「皇道総力戦」または「皇戦」と名づけ、その遂行を目的とした国家を建設するた

148　間野「高嶋さんと総力戦」72―73頁。高嶋は間野を補佐として、総力戦の研究を推進する活動を参謀本部外で積極的に行っていった。一九三八年三月、高嶋は総力戦体制の調査のために、自身が主導して参謀本部第一部の外郭団体として総力戦研究室を設置し、四月には名称を改めて国防研究室とした。この国防研究室は総力戦研究のため、民間の学者との協力を模索していった。例えば、一九三八年、高嶋は、この国防研究室の外郭研究機関として、京都帝国大学地理学講座の学者の協力をうけて綜合地理研究会を主宰するようになる。この綜合地理研究会は、地政学の研究およびそれに関する国民への啓蒙に従事し、研究結果を参謀本部上層部に報告することを目的としていた。この国防研究室の運営の一方で、高嶋は、総力戦の一部として捉える学術科学の戦い（本解説文注151の「学戦」に関する説明を参照）を経済的に支援するために皇戦会を一九三九年に設立した。この皇戦会の活動として例えば、世界史の解釈を通して総力戦に関する日本の使命を説明することを目的とした「皇戦展覧会」の開催が挙げられる。間野は、高嶋の補佐として、国防研究室の事務、皇戦会の庶務や財務、そしてその業務の一環として参加も含めて綜合地理研究会への資金供与や資料提供を通じた支援を行っていた。これについては、間野「高嶋さんと総力戦」72―73頁、森松『総力戦研究所』33―35頁、小林茂、鳴海邦匡「綜合地理研究会と皇戦会――柴田陽一『アジア・太平洋戦争期の戦略研究における地理学者の役割』の批判的検討――」『歴史地理学』第五〇巻四号（二〇〇八年）、30―47頁、ここでは31―37頁、柴田陽一「アジア・太平洋戦争期の戦略研究における地理学者の役割――綜合地理研究会と陸軍参謀本部――」『歴史地理学』第四九巻五号（二〇〇七年）1―30頁、ここでは3―6、11―12頁および、皇戦会編『日本世界総力戦　皇戦展覧会概要』世界創造社、一九三九年参照。高嶋が一九四〇年十二月に台湾歩兵連隊へ転出することになった後も、間野は、前述の「部外の事業に引き続き関与」したが、一九四四年八月には部隊へ転任することになったことから、それも困難になった。間野「高嶋さんと総力戦」70、74頁。

めに必要と考える具体的な要求を表明している。[149] 高嶋は、「皇戦遂行の完全なる準備は、必然に皇道総力国家即ち日本的なる全体主義総力国家、更に要約すれば、真の意味に於ける皇国の機構を要請する」とし、[150] 総力戦の構成要素と彼が考える武力戦、政治戦、経済戦、思想戦、そして論文「国家総力戦と新戦備の趨向」執筆時から新たに加わった学戦の各領域で総力戦をそれぞれ遂行するための具体的施策を詳述している。[151]

『皇戦』では注目すべきことに、具体的施策の提案に続いて、これら諸領域での「皇戦」実施の

149　高嶋による、これらの用語の定義は以下の通りとなっている。「総力戦　在来の武力戦に対し、武力、政治、経済、思想等の有機的総合力に依る戦いを謂う。皇道総力戦　我が皇道に即する総力戦の説明語。皇戦　皇道総力戦の本称、即ち我が皇道に即する戦いは、本来的に又必然に総力戦の本義に合すべきものである。『すめらみいくさ』『おほみいくさ』又は『くわうせん』と訓む」。高嶋辰彦『皇戦』戦争文化研究所、一九三八年、１―２頁。なお『皇戦』には、『偕行社記事』一九三八年四月号掲載の高嶋「国家総力戦と新戦備の趨向」および十月号掲載の高嶋辰彦「世界に冠絶する皇道兵学兵制の完成」『偕行社記事』第七六九号（一九三八年十月）、１１９―１２６頁がそれぞれ主に『皇戦』の61―１４７頁、１４８―１５７頁において、一部で加筆修正を伴いながら再掲されている。

150　高嶋『皇戦』１２７頁。

151　同右、１３５―１８２頁参照。高嶋によると学戦とは、総力戦を遂行する上でその知識が必要とされることから重要となる知識人を対象とし、「その琴線に触れつゝ深く侵入」することを目的とした戦いである。彼の別の言葉で述べると、「自国を救い、他国に対し自国の国策遂行を容易ならしむる如く作用する」ように、「学問を統御すること」とされている。同右、１０２―１０３頁。

ために「指導層」に求められる資質が述べられている。同書によると、あるべき「指導層」は、「各部門に亘って一応の総合実学的見識技能を併有し、歴史観、世界眼、総合、洞察、先見、創始等の卓抜性」を備えている必要があり、その結果、「従来一部で全く分離独立しているが如く考えられていた所の統帥と政治の両面さえも、差支なき部面に於ては更に止揚一元化」されるとしている。[152]この指導者に関する主張には、総力戦の特質を踏まえた上で指導者像を述べるという論理展開の面と、および国民の精神状態や経済、政治への理解をも兼ね備えた指導者像という内容面の二点で、ルーデンドルフ『総力戦』からの影響が見られる。[153]

ルーデンドルフの思想に影響をうけた高嶋のこの総力戦観は、個々の陸軍将校へ思想的影響を確かに及ぼしていった。例えば、陸軍将校であった鈴木勇寿は、陸軍士官学校時代に、『皇戦』が出版されてまもなく同書を書店で購入し、「むさぼり読んだ」と回想している。さらに、「当時支那事変（原文ママ）勃発以来一年有半になり、事変の意義や皇軍の使命など同書で教えられること絶大であった」として、国際情勢への見方に関して高嶋の戦争観から受けた影響を認めている。[154]確かに、その影響の具体的内容については明らかとはいえないが、少なくとも、若手将校

152　同右、１８３頁。
153　本書、１５８―１７７頁参照。
154　鈴木勇寿「皇戦について」森編『雪松・高嶋辰彦さんの思い出』55―56頁、ここでは55頁。高嶋の著書『皇戦』が、陸軍将校に個別に読まれ、肯定的に受け止められていたことは、小野雅司の回想からも読み取れる。小

によって現実に進行中の戦争と照らし合わせながら読まれていたことは、ここから浮かび上がってこよう。

しかしながら、高嶋を中心とする陸軍将校の総力戦観は陸軍の主流とはならなかった。『皇戦』にみられるような政策提言にまで具体化された研究結果はときとして政府への苦言と受け止められたため、彼らの言動は、一九四〇年以降陸軍大臣であった東条英機陸軍中将を含む陸軍省の一部から快く見られていなかった。これが明白な形で表れたのが、総力戦研究所設置をめぐる高嶋と政府とのやりとりであった。企画院で一九四〇年八月ごろ、ヨーロッパおよび中国大陸での戦局の推移を背景として、そこで姿を現しつつあった総力戦についての研究ならびにその遂行のための人材育成を目的とした研究機関の設置が検討されていた。その際に高嶋は企画院に赴いて、総力戦研究所が皇戦会の活動を引き継ぐように意見したが、彼の意見が一九四〇年九月の研究所設置に向けて考慮されることはなかった。加えて、それからときを待たずして高嶋が台湾へ転出するという左遷人事が行われた[155]。そのため、一九四〇年以降、高嶋が旗振り役となっていた総

野は、高嶋が連隊長として一九四〇年に転出した先の連隊において小隊長として勤務していたが、それ以前から高嶋について、「『皇戦』の名著があり、拝読して夙に崇敬の念を持っていた」と述べている。小野雅司「『生卵は立つ』の教え」森編『雪松・高嶋辰彦さんの思い出』91—92頁、ここでは91—92頁。

155　間野「高嶋さんと総力戦」74頁、森松『総力戦研究所』35—36頁、および太田弘毅「総力戦研究所の設立について」『日本歴史』第三五五号（一九七七年）、40—60頁、ここでは43—44頁参照。総力戦研究所については他にも、太田弘毅「総力戦研究所の業績——『占領地統治及戦後建設史』、『長期戦研究』について——」『軍事

力戦研究グループ（国防研究室および皇戦会）は、国家による総力戦研究の主体が新設の総力戦研究所へと移る中、高嶋という原動力を失い、その勢いは衰えていった。[156] すなわち、高嶋を中心とする陸軍将校の総力戦思想は、制度化による受け皿を用意できず、陸軍全体および政府へと浸透することはなかったのであった。

以上見てきたように、ルーデンドルフ『総力戦』の日本における影響は限定的といえる。一方でそれは、十五年戦争の戦争指導を主体的に規定したというよりも、それ以前から策定されていた総動員政策の補助的材料として利用されるにとどまった。しかしながら『総力戦』は、訳本の出版、ラジオ放送による解説、そしてその活字化によって、国民の間で国防思想への理解を深めるという陸軍による対世論政策の一部として大きく貢献したことは間違いない。加えてそれは、ルーデンドルフの軍人としての能力を賞賛する形での紹介もあって、国民の間で国防思想の必要性を強調する役割をもっていた。他方で『総力戦』は、高嶋を中心とした、訳者間野を含む陸軍将校集団に対して、たとえ止揚の材料であったとしても、彼らの総力戦観を形成する上で土台となっていった。だが、この影響は個別の陸軍将校に対してのそれにとどまり、個人の思想の枠を超えて陸軍および政府の主流見解となることはなかった。

156　森松『総力戦研究所』36頁参照。
史学』第一四巻第四号（一九七九年）、36—53頁参照。

結び

本論考ではルーデンドルフ『総力戦』をさまざまな視点から眺めてきた。序文においては、なぜ今、ルーデンドルフ『総力戦』を読む必要があるのかという問いに答えようとした。そこでは、日本とドイツを中心に、人々の意識の中にある「総力戦」という言葉を取り出し、その言葉を省察することの現代的意義を提示した。次に第一章では、どのような背景からルーデンドルフ『総力戦』が生まれたのかを、まずはルーデンドルフという人物の遍歴をもとに、そして次に戦間期の同時代的な背景を鍵にして検討していった。そして第二章では、クラウゼヴィッツ批判の上に築かれた、「政治は戦争遂行に資するものでなければならない」という『総力戦』の中心的命題を取り出して考察し、主にクラウゼヴィッツとの対比から同命題の特徴を明確にした。そして最後に、ルーデンドルフ『総力戦』が日本とドイツの戦時体制へどのような影響を及ぼしたのかを捉え、それをもって本解説文全体で、『総力戦』がどこから来て（第一章）、それはどのようなものであり（第二章）、そしてどこへ向かって行ったのか（第三章）を照らし出した。

以上を通して、『総力戦』が日本とドイツの現在および過去の文脈で有している／有していた意義を読者諸賢に提示できたと考えている。『総力戦』の主張は多岐にわたっているが、本解説文では主にその中心的な思想をとりあげた。『総力戦』で展開されている主張の詳細については是非本書を読んでいただきたい。本書および本解説文が総力戦の理解のための一助となり、加えて、それに関する議論への一つの刺激となれば幸いである。

【ら】

【わ】

【ま】

【た】

【な】

【は】

【さ】

索　引

【あ】

【か】

【著者】エーリヒ・ルーデンドルフ（Erich Ludendorff）

1865—1937年。プロイセン生まれ。ドイツの軍人、政治家。第一次世界大戦後半に参謀本部次長。その軍事理論、戦略構想は日本の石原完爾らにも影響を与えた。

【翻訳・解説】伊藤智央（いとう　ともひで）

現在◉ボン大学大学院博士課程在籍

学歴◉東京大学卒業（法学士）、ジーゲン大学大学院修了（歴史学修士）

主な業績◉「ヨハン・モーリッツ・フォン・ナッサウ＝ジーゲンの郷土史からの解放——17世紀のオランダ植民地支配比較（„Die Befreiung des Johann Moritz von Nassau-Siegen von der Lokalgeschichte. Vergleich der drei niederländischen Kolonien im 17. Jahrhundert"）」（ドイツ語）『世界史研究論叢』第3号（2013年）、51-65頁、「ドイツ帝政期の貴族と宮廷（„Adel und Hof im Deutschen Kaiserreich"）」（ドイツ語）同上、第2号（2012年）、62-83頁

ルーデンドルフ　総力戦（そうりょくせん）

●

2015年11月30日　第1刷

著者…………エーリヒ・ルーデンドルフ

訳・解説…………伊藤智央（いとうともひで）

装幀…………スタジオギブ（川島進）

発行者…………成瀬雅人
発行所…………株式会社原書房

〒160-0022 東京都新宿区新宿 1-25-13
電話・代表 03（3354）0685
http://www.harashobo.co.jp
振替・00150-6-151594

印刷…………新灯印刷株式会社
製本…………東京美術紙工協業組合

ISBN978-4-562-05263-9, Printed in Japan